太阳的轨迹

从立春到大寒

含章 著

内蒙古教育出版社

图书在版编目（CIP）数据

太阳的轨迹：从立春到大寒/含章著.--呼和浩特.内蒙古教育出版社,2024.1
　　ISBN 978-7-5569-2646-6

　　Ⅰ.①太… Ⅱ.①含… Ⅲ.①二十四节气—通俗读物
Ⅳ.①P462-49

中国国家版本馆 CIP 数据核字(2024)第 022010 号

太阳的轨迹——从立春到大寒

TAIYANG DE GUIJI　CONG LICHUN DAO DAHAN

作　　者	含　章
摄　　影	杨　孝　刘卫俊
责任编辑	董美鲜　侯　荣
装帧设计	格恩陶丽
责任印制	苏米亚
出版发行	内蒙古教育出版社
社　　址	呼和浩特市新城区新华东街 89 号出版集团大厦(010010)
网　　址	http://www.im-eph.com
印　　装	内蒙古爱信达教育印务有限责任公司
开　　本	890 毫米×1240 毫米　1/32
印　　张	6.25
字　　数	121 000
版　　次	2024 年 1 月第 1 版
印　　次	2024 年 4 月第 1 次
印　　数	1—3 500 册
书　　号	ISBN 978-7-5569-2646-6
定　　价	68.00 元

扫码进入

节气文化

美学世界

感知四时变化 领略文化之美

肆 欣赏节气美景
24幅节气美景 感悟时光流淌

叁 解读节气趣事
探寻节令故事 领略文化魅力

贰 聆听文字之美
散文配套音频 感知自然节律

壹 探究创作起源
作者亲身讲述 分享创作思路

序

　　光阴之所以回不去,是因为它只是一个在空间里旋转的印迹,无止境循环旋转。而时间只是一个循环轮回的概念。

　　与生命发生根本性关联的是空间里的一切,比如太阳。

　　我想,这是本书带给人们最大的哲学启示。

　　人类的进化在于不断探索宇宙空间里一切事物的关联,我们的先祖秉承遵循天、地、人三者的关系规律,智慧地总结了中国二十四节气,使其成为人类文明中独特且璀璨的一部分,至今熠熠生辉。

　　北斗七星是由天枢、天璇、天玑、天权、玉衡、开阳和摇光七星组成的。在不同的季节和夜晚不同的时刻,北斗七星会出现在天空不同的方位,因此其成为古代人们判断季节的依据,即所谓"斗柄指东,天下皆春;斗柄指南,天下皆夏;斗柄指西,天下皆秋;斗柄指北,天下皆冬"的星象规律。

　　地球公转一周的时间约为 365 天 5 时 48 分 46 秒,其在地球上来看,表现为太阳周年运动。地球公转的轨道称为黄道,黄道的一周是 360°,以春分为 0°自西向东度量,每隔 15°定为一个节气,全年共有二十四节气。

　　二十四节气是我们的祖先根据太阳的轨迹,精确地推算出四季变化的时间点。所以,二十四节气与我们的日常生活,甚至生命成长，都有着极为密切的关系。

天、地、人都不是孤立的存在，时代唤醒了我们细胞中原始的文化基因，由此关于二十四节气的各种解读渐渐多了起来。网络上快餐式的文章只能让我们对二十四节气有蜻蜓点水似的了解，节气里蕴含的较为深刻的中华文化内涵人们所知甚少。

从这个方面来看，含章所著的这本关于二十四节气的书就显得颇有意义了。

依稀记得20世纪90年代初，我的一篇小说《疯驼》发表在《北京文学》上，当时主编李陀先生专门请我到他家长谈。他说："人类对大自然的敬畏是文学的一个永恒的命题。路远，这个命题够你写一辈子的。"这番话我之所以记忆犹新，是因为我认为他说得非常到位：人类发展到今天，自以为自己无所不能、非常强大，似乎可以主宰地球，但从整个宇宙来看，地球甚至太阳系都是非常渺小的、微不足道的，更何况人类呢？所以，人类应该认识自然、遵循自然、敬畏自然，只有这样，才能与大自然和谐共存。

《太阳的轨迹》以艺术化的文学表述形式解读了二十四节气的科普知识，并且揭示了自然与自然、人与自然的思辨关系，可贵之处在于其科普性、文学性、哲理性和思辨性。

毋庸赘言，读者可以把本书当成科普书来读。它完全按照二十四节气的顺序一一做了介绍，除了详细交代了每个节气的时间特点，还引用了古人对节气的评述。书中有古籍文献，有名家诗词歌赋，有饮食起居中日常的烟火……可谓集古今之大全。

它的科普价值不容小觑,尤其对青少年来讲,尽早接触节气,能够引发一些成长方面的思考,定会受益匪浅,慎思,笃行,而后长足。

且看:

"春季:三春、九春、阳春、艳阳、淑节、青春、青阳。"一个春季,居然有如此之多的名称!

这些文字,首先让我们看到了古人认识自然界繁复的历程,增加了我们对自然界多维深入了解的动力,让我们思考:我们所生存的这个奇特的环境规律何在? 奥妙何在?

本书的文学性更是增强了其可读性。严格地说,这是一部长篇散文,作者用诗一般优美的语言,为每个节气唱一曲动人的歌谣;以每一个独具节气根脉的书写切入点,将节气所蕴含的核心文化意象巧妙整合凝练。细读之后,被其文学性深深感染。

"入秋以来,翠绿的芭蕉叶好似突然露出残边,泛黄的边上脱落成锯齿的模样,而街口的桂树倒是心满意足地笑了好一阵,桂花一撮一撮地落到地上,任风吹,散着那一世繁华,竟不知情归何处。每遇秋天时分,止若总会深思:这桂花是入了客家的酒窖,还是上了闺秀的妆台,还是在婆婆经年的老手上成了香酥入口的桂花饼。静默了一季的瓜果在枝头招摇,在全体身着红袍热闹过几日后,终是弃蒂而走,叶落相随,一色萧然了。"

这是对于"白露"的描写,更是对这个节气的讴歌。作者对生活有着细致入微的观察,凡是与这个季节有关的事物、景物和风俗……莫不收入眼中,融于心中,书写在墨中。

是语言之美。

再看：

"任雪飘下来，一身仙气飘下来，盖了长山圣水的肌肤，遮了小桥古村的面目，哑了车船行走的人声……在万籁俱寂、天地一白的时空里，五行阴阳之气，从头顶发丛、肩前后背，落下，再落下……

"入了白茫茫的仙境，风骨如初，初心不改。"

这是对"小雪"之叹。

空灵而恬静，似窥见道家之仙风道骨。的确，每当第一场小雪降临时，我们踏归嬉戏，抑或漫步在白沙般柔软的雪絮之上，抑或细碎的雪花落在我们的发梢上、眉目间、颈项内，我们体会玩味着那份凉爽、那份悠然，岂不正如作者所描绘的那般：入了白茫茫的仙境，风骨如初，初心不改。

是为意境之美。

"眉间雪，早已入了心，蚀了骨，传了神，成了一代又一代人的气脉。故宫的雪，是一场皇恩浩荡的回响，是一场缅怀先祖的祭奠，是一场生死有节、贫富有恩的跪拜，是一场慈怀苍生、心念黎民的悲悯。故宫的雪，是穿越时空的精灵。"

是为思索之美。

"人间有姥爷的日子早已远去，但节气的消息仍然以姥爷的身影在脑海里闪现，像磁场一样扩散在我的周围。"

是为生活之美。

毫无疑问，我们正在向传统回归。中华民族博大精深的文化不能荒废。即便在盛大的冬奥会开幕式上，二十四节气仍会告诉世界：这就是我们的文明。

作者赋予深情的书写使得每一篇都美仑美奂，又有深刻的思想内涵蕴藏其中。相信读者在阅读时也会如我一样沉浸于艺术的熏陶之中。

第三个特点是它的哲理性和思辨性。

我们知道，一部文学作品，思想越深刻，它的文学价值就越大。其思想深刻最突出的表现在于它具有哲理性和思辨性。书中具有哲理性和思辨性的语言几乎随处可见，在每一个章节中都闪烁着睿智的火花。譬如：

"世事万般，一件事物的圆满，是另一件事物的开端，几件事情恰到好处的结合，仅仅成为促使更高层面的一件事物成因的萌发。物相的品质，人相的品格，更加取决于标准的定位，方向的取舍，尺度的把握，分寸的拿捏。眼里心里景致万千，时态物态事态妖娆天下。"

把哲理性和思辨性用诗一般的语言来陈述，这也许诗人能做到。

又如：

"剑指中庸，一要客观，遵循客观规律，目标不偏不倚，方法得当，力度适中；二要中正、平和，喜怒哀乐均不可过分，时时保有谨慎之心、敬畏之心，自然平和；三要中用，事以众需而存，人以一技之长搏众，中用，善用，才能长用。"

这种哲理性和思辨性完全是中国式的，既有儒家之精髓，又有道家之洒脱。

再次回到古人的哲理思辨上，以此证明二十四节气之科学性，其实也就明确了本书的主旨：人如何与大自然和谐共生，享尽节气轮回中自然界的诸多美好，幸福快乐地生活。

因此，我们有理由达成共识：本书的可读性、知识性、艺术性、哲理性和思辨性的完美结合，在当下显得尤为珍贵。

这样的书，需要我们共同收藏。

路远

目录
CONTENTS

立春

春冬移律吕，天地换星霜。

冰泮游鱼跃，和风待柳芳。

早梅迎雨水，残雪怯朝阳。

万物含新意，同欢圣日长。

1

　　壬寅年农历正月初四,北斗七星的斗柄指向艮位,太阳到达黄经315°,春天按时来到中国,冬奥健儿、各国要员应邀来到美丽的中华人民共和国。

　　值此,自1924年法国夏蒙尼首届冬季奥林匹克运动会以来,每四年一届的冬奥会,在中国北京完成了第二十四届冬奥会的开幕式,时值立春之日。

　　2015年7月31日,北京以44:40战胜对手阿拉木图,赢得2022年第二十四届冬奥会的举办权。中国由此成为第九个既举办过夏奥会又举办过冬奥会的国家,北京成为全球首个荣获冬、夏两季奥运会举办权的城市。

　　北京,我们祖国的心脏,在她73岁的年月里,实现了"双奥之城"的荣耀。

那时北京郑重许下承诺:在 2022 年中国传统春节期间,用"纯洁的冰雪"邀请全世界的朋友们到古老的中国共赴一场"激情的春天的约会"。

2021 年 9 月 17 日,北京冬奥会、冬残奥会主题口号正式对外发布——"一起向未来!"

"一起"展现了人类在面对困境时的坚强姿态,指明了战胜困难、开创未来的成功之道。"向未来"表达了人类对美好明天的憧憬,传递了信心和希望。"一起向未来"是态度,是倡议,更是中国人民的行动指南。倡导追求团结、和平、进步、包容的共同目标,是更快、更高、更强、更团结的奥林匹克精神的中国式宣扬,表达了世界需要携手走向美好未来的共同愿望。

中国人民每一天都在默默付出的实践中期待 2022 年春天的到来。好几个冬天,人们都在蓄积力量,希望用最具中国特色的方式去展示此届冬奥会的主题,用最真实的表达去诠释中国人民对人类及世界的独特理解。

人间有姥爷的日子早已远去,但节气的消息仍然以姥爷的身影在脑海里闪现,像磁场一样扩散在我的周围。2022 年春节后的第三天,蛰伏整个冬天的阴气在这个时刻转阴为阳,春气、春光、春运,与第二十四届冬奥会开幕式一起来到人间,来到中国,启新,立正。

《群芳谱》曰:"立,始建也。春气始而建立也。"

天地立春,一年之计在于春,年年而立。人亦应效法天地,日日自省,自新,自立,回身阳气,正心立德。立春,万物复苏,万象更新,以立新命,立下一年好光景。古人说:"仁者,春之德。"可见天地借春以慈万物。古时,天子在立春日亲率诸侯百官迎春于东郊,行布德施惠之令,感恩春天,孕育生机,正位凝命,正其信、安其心、积其德、达其成、守其位。

贤淑的妇人,在立春之日,采一缕檐下阶前的春光,将旧年陌上采摘、冷藏最后一季的马齿苋,和腊月里培植好的豆芽凉拌。软烂的梅菜扣肉、外酥里嫩的香酥鸡块,腾着热气置入盘中。那三国时的月牙馄饨、唐时的偃月馄饨、宋时的"角子"、元明时的"扁食"、清时至今的饺子,饱含五谷精华、福禄吉祥,端于桌面,与世界各国人民共迎冬奥会开幕式。或许,还可小酌一杯,对饮同庆。

开幕式用二十四首歌舞热场,对应着二十四节气,多维度展现中华优秀传统文化的内涵。《茉莉花》用纯真、质朴的花语向各国人民传递着真情;《好儿好女好家园》用最朴实、最接地气的词曲,描绘了全国人民相亲相爱及中华民族大家庭其乐融融的场景;以"欢聚时刻"为主题的表演,将齐聚北京、欢度奥运的喜气,通过每一位外国友人的眉目,传递到世界的每一个角落。

成都宽窄巷子,天府之国的人们载歌载舞,一派盛世欢歌的景象;数字杭州立潮头、向未来,展示着现代文明的强大魅力;古老而又充满年轻活力的南京踏着冬奥会的节奏欢歌起舞,因冰雪盛会而绽放绚丽光彩;哈尔滨冰雪大世界以"冬奥之光,闪耀世界"为主题,用冰雪运动诠释了哈尔滨人的生命基因,用爱与这个立春之日的冬景来了一场约会;河北张家口推出以二人台为主的舞龙、舞狮等群众表演,将冬奥精神与历史文化相结合;上海黄浦江畔,冰雪运动成为这个冬季最潮的时尚;新疆阿勒泰,被称为"人类滑雪起源地",将体育课搬到了冰雪赛场上,让越来越多的青少年爱上冰雪运动;吉林长白山,朝鲜族同胞用传统乐器和特殊礼仪庆祝这个神圣的时刻……

开场的倒计时串联出二十四节气各自的盛景,连接出一年的好光景,表达出对全世界人民的欢迎之情。二十四节气倒计时把最后一秒留给了立春。小草萌发,预示着春天来了。万物复苏,生机勃勃,奥运精神在中华大地上孕育出新的活力。一个可爱的小男孩现出剪影,他轻吹一口气,蒲公英的种子飞向天空、撒满大地。100多名来自各行各业的优秀代表以及56个民族的代表手挽手、心连心,将五星红旗庄重地传递到升旗手的面前。此刻全场起立,在雄壮的中华人民共和国国歌《义勇军进行曲》的伴奏下,在亿万儿女的瞩目下,中华人民共和国国旗冉冉升起。

现场的大屏幕上一滴冰蓝色的水墨从天而降。它幻化成黄河之水倾泻而下,随后河水慢慢冰冻,奔腾的场面逐渐静谧,变成一片冰的世界。场地内出现了一个巨大的冰立方。冰立方上光影闪动,二十四套激光刻刀在冰立方上不断雕刻。从第一届冬奥会开始,历届冬奥会的标志逐一被雕刻出来。激光刻刀继续雕刻,冰立方上的图案最终定格在"2022 中国北京"。冰立方前出现了6名冰球运动员,他们挥动球杆,将冰球击入冰立方。冰球来回撞击,带动激光刻刀更激烈地雕刻,冰立方开始发生变化。一个晶莹剔透的冰雪五环从冰立方当中雕刻了出来。冰雪五环,破冰而出。伴随着冰雪五环的缓缓升起,奥林匹克运动会发源地希腊的代表团第一个入场了。各国代表团相继入场,他们用最美的姿态诠释不同地域文化的魅力,让十几亿中国人近距离享受世界文化大宴。

各类赛事在立春之后相继开赛。2月5日,在短道速滑混合团体接力项目中,中国体育代表团夺得北京冬奥会首金。短道速滑是一项极具风险和挑战的竞技运动项目,需要运动员有精湛高超的技艺和耐力,而且赛场受其他运动员的偶然干扰风险非常大。赛事中的每一个偶然的风险点,都会使观众时而屏气凝神、时而惊心动魄。当中国队夺冠时,场内外观众热血沸腾、欢呼雀跃,每一个中国人的爱国情怀再一次被激发,每一个中国人奋发向上的民族精神再一次被凝聚。

冬奥会迎着春天的步伐昂扬行进。2月12日,高亭宇打破世界纪录获得速度滑冰男子500米冠军,这是中国首次在冬奥会速度滑冰男子项目上获得金牌。

2月14日,徐梦桃在自由式滑雪女子空中技巧决赛中获得金牌,这是中国女子空中技巧收获的首枚冬奥会金牌,同时也是中国体育代表团本届冬奥会的第五金。

2月15日,苏翊鸣获得单板滑雪男子大跳台金牌,这是中国代表团在本届冬奥会上获得的第六枚金牌。

第七枚,第八枚,第九枚……

无论金牌数还是奖牌数,中国队都刷新了冬奥会参赛的最好成绩。

2

立春，是二十四节气之首，又名正月节、岁节、改岁、岁旦等。立，是"开始"之意；春，代表温暖和生长。

大寒时节，孩子亲吻过铁车辕，把舌头撕了万分之一截，靠母亲的哈气才脱身。立春时节，栽在雪堆上的炮仗斜着身子执拗着心中的勇义，铁血铮铮地替孩子们撑着腰、壮着胆。就这十来天的工夫，脚下的雪已在软风里松动，那个瓷实的雪堆也矮了半截。孩子想，春风里的铁辕，已经不会像先前那样冷酷了吧？想想，还敢试吗？

风从大寒的草原上试炼过自己的一身本事，并且留下那句"三九四九冻烂碓臼"的狠话。我见过好多被大寒刺骨的风冻烂的脚趾和小手，关于那个冻烂的碓臼，我没见过，或许是真的，想想我都替它疼。北方的冷，不留一点情分。

在秋季，梅花进入休眠期，并且逐渐积累枝条中的养分和水分，蓄积能量，以待在深冬时逆境求生。较量过冻烂碓臼的苦寒，寒气化为香雪海，玉雪为骨冰为魂，暗香浮动，疏影横斜。

哦，江南无所有，聊赠一枝春。江南都无所有了，塞北更是素飒的空白。立春，就在寒梅独放的傲然中来到人间。

立春日晚上八九点钟，天空正南方，有三颗明亮的星星连成一条直线,像是一条闪亮的腰带,民间俗称"福、禄、寿"三星。

立春日,有迎春、行春、咬春、踏春等习俗。

迎春,是先民于立春日进行的一项重要活动,是古代祭礼之一。古人以春配东方之牛、五色之青,于立春日东郊祭黄帝,迎接新春到来。在宋代,立春日宰臣以下,入朝称贺;在清代,立春日为春朝,士庶交相庆贺,谓之"拜春";如今,世界各国运动健儿应约来到东方,同贺春来、万物以嘉,所彰显的奥林匹克精神与中华文明一并声名赫赫。

在这万物一新的春光时节,枕下的压岁钱蠢蠢欲动。活泼的男娃、静秀的闺女都将自己的压岁钱数了又数,一切终究凝结成满满的期冀,在立春的黄经行进中潜滋暗长。打工的游子已将除夕守岁时与母亲促膝耳语的新年打算压在心底,成为这一年生命新发的土壤。一候东风解冻,新生的阳气将东风送至人间,人们乘着东来的紫气、背着梦想的行囊上路;春来 5 日后,大地解冻,蛰居的虫类慢慢苏醒,此谓立春二候蛰虫始振;再过 5 日,河里的冰渐渐融化,鱼开始到水面上游动,流凌也浮在水面上,此谓立春三候鱼陟负冰。

立春,万物安身立命。民立德,国立威,方可万事以邦。

3

岁始青春时节,曾为人师,眼里经见过多少孩子从幼芽渐渐苗壮成长；岁至中年，养育孩子一点点长大成人；进不惑之年，回望自己的足印，看过同年之众的路径，以多少横向纵向的成人成才之相相较，喟然长叹：人与人并无大的不同，商智众平，只因方向的选择、力道的持恒各异，而后众生百相。

孔老夫子早在春秋时期立言，自己竟用几十年的光阴顿悟，年幼之时不懂得以圣人圣言悟道，甚是羞愧难言。

孔老夫子倡导仁义礼智信，修订六经，即《诗》《书》《礼》《乐》《易》《春秋》，在世时被尊为"天纵之圣""天之木铎"，后世被尊为孔圣人、至圣先师、万世师表，位列世界十大文化名人之首。其弟子三千，将其言行语录和思想整理成《论语》，成为亿万中华儿女反复吟诵的经典。

琅琅书声，芸芸众生，亦如我于年幼之时不解仲尼先生圣言，徒用半生光阴所悟，于此喟然嗟乎，共勉。可见，仲尼立言传道，在于吟诵，在于悟道，更在于修身慧能、言传身教、绵延后世。

孔子是善良之人，富有同情心，乐于助人，待人真诚、宽厚。诸如他所说："己所不欲，勿施于人""君子成人之美，不成人之恶""躬自厚而薄责于人"等。

孔子的最高政治理想是建立天下为公的大同社会。大同社会的基本特点是大道畅行，天下为公，因而能"选贤与能，讲信修睦""人不独亲其亲，不独子其子，使老有所终，壮有所用，幼有所长，矜、寡、孤、独、废疾者皆有所养"。在大同世界里，天下的人不只以自己的家人为亲，不只以自己的父母儿女为爱，而是相互敬爱，爱天下所有的人。老有所终，壮有所用，孩子们都能获得温暖与关怀，孤独的人与残疾者都有依靠，男人各自有自己的事情，女人也有满意的归宿。阴谋欺诈不兴，盗窃祸乱不起，人人讲信修睦，选贤举能。这是一幅理想化的社会景象，也是孔子憧憬的理想社会。

孔子主张的较低政治目标是小康社会。小康社会的基本特点是大道隐没，天下为家，"以正君臣，以笃父子，以睦兄弟，以和夫妇"。

一生身示立言传道，千百年圣誉中华。孟子曰："自有生民以来，未有孔子也。"《荀子·儒效》中写道："彼大儒者，虽隐于穷阎漏屋，无置锥之地，而王公不能与之争名……用百里之地，而千里之国莫能与之争胜；笞棰暴国，齐一天下，而莫能倾也……天不能死，地不能埋，桀跖之世不能污，非大儒莫之能立，仲尼、子弓是也。"司马迁曰："'高山仰止，景行行止。'虽不能至，然心向往之……天下君王至于贤人众矣，当时则荣，没则已焉。孔子布衣，传十余世，学者宗之。"陈献章曰："惟我先圣孔子，道高如天，德厚如地，教化无穷如四时。"康有为曰："唯我孔子大中至正，独重人道。"孙中山曰："二千多年前的孔子、孟子，便主张民权。孔子曰：'大道之行也，天下为公'，便是主张民权的大同世界。"毛泽东曰："从孔夫子到孙中山，我们应当给以总结，承继这一份珍贵的遗产。"

文化自信基于此，源于此，吾辈、晚辈、祖祖辈辈，有先祖立言立德、信其言、守其德、行其道、奔小康、赴大同，万古长春。

二十四节气

雨水

雨水洗春容，平田已见龙。
祭鱼盈浦屿，归雁迴山峰。
云色轻还重，风光淡又浓。
向春入二月，花色影重重。

大概人到中年,经了大半春夏秋冬的磨砺,锋芒渐渐远逝,内心深藏的柔软再也不惧怕漠北的疾风暴雨,自自然然地将本色裸露出来,平心静气地浸润世间的清冷和薄凉。

按说立春之后,漠北的天气仍会寒冷,万物仍在如冬天一样的西风里打转,即便是雨水节气,也还会干燥阴冷。然而,安静的中年人不经意间吸了一丝风里泥土的香气,瞬间润了双目,润了喉鼻,润了心。在漠北辽原上,那浅浅丝丝的香气让心细的人感到一阵欣喜——春天来了。

毕竟是春天,正值雨水,太阳到达黄经330°,太阳直射点由南半球逐渐向赤道靠近,北半球的日照时数和强度随之增加,来自海洋的暖湿空气开始活跃,并渐渐向北挺进与冷空气相遇,形成微弱的降雨。万物萌发,甘雨时降,万物以嘉。

古人云:"东风解冻,冰雪皆散为水,化而为雨,故名雨水。"河释冰消,水獭开始捕鱼。水獭喜欢把捕到的鱼放到岸边依次排列,如祭祀一般,所以有"獭祭鱼"之说,此谓雨水一候。雨水节气 5 日后，鸿雁重新启旅，追寻任其驰骋的北方广袤的原野和天空，以翱翔的姿态展现鸿鹄之志，此谓二候。时过 5 日，草木随着地上阳气的升发开始抽出嫩芽，世间从此一派欣欣向荣的景象，此谓三候。

水，滴下来时的清灵，跃动时的可人，常常牵动着人们的心。我用差点失去半个手指的伤痕来祭奠那一滴水的灵动。是一滴水的柔软长久地包容了利刃血流的断然和冷峻，是源于一滴水的力量穿越时空，承载着我和爷爷的祖孙深情。那一滴水、一道疤，成了爷爷留给我最深的牵念。

爷爷标准的"国"字形脸满面威严，眉宇间尽显北方硬汉的性情，脾气自然不好。儿孙们极少黏在他身边，只有我总能从爷爷暴烈脾气的外表下，找到祖孙间相互依偎的温情，甚是亲近。

漠北风长。记得孟夏时分，北方已有些许燥热，空旷的原野多是风动之后的呜咽，土黄色仍是大地肌肤的主色调，偶有目光所及遥远的绿意，会让心头顿时掠过一阵欣喜，使人默然情怯不敢近前。杏花、江南、春雨只是北方孩童听过却没有看过的传说。

那一日，爷爷生辰。祖母和母亲在屋里屋外忙乱着。爷爷将案板搁到炕沿上，几斤重的铁石砂轮置于案板上，一碗清水放在旁边，现出磨刀霍霍的场景。5 岁的我小腿外撇倒"八"字端坐在爷爷的领地前，新奇地看着老人家操持那几个家什。圆形的砂轮，我从未见过，心中疑惑：为何会在砂轮中心掏出同形的小窟窿呢？爷爷右手握住刀柄，左手的扳指用力压住刀面，在砂轮上前前后后磨着刃边,而且越磨越快,刀刃在砂轮上成了一条模糊的风线。这对 5 岁的孩子来讲,都是新奇的见识,本能的参与感蠢蠢欲动。

孩子全神贯注地盯着快速拉磨的动向,砂轮很快吃尽了刚洒的水。爷爷骤然停下,右手伸进旁边的水碗,手指并拢掬起一些水,在砂轮中心的圆孔上方 10 厘米处抖动着掬水的 5 个手指,水散成好几个晶莹剔透的水花。一滴、两滴、三滴……大大小小的水花在低悬的空中散落,灵动尽显,甚是撩人。

爷爷继续蘸着水磨刀刃,我仍然静静地端坐在那里,目不转睛地盯着。可是一滴水的清灵,以及一滴水落下时那曼妙的弧线,早已搅动并俘获了孩子的心。

爷爷专注磨刀,我专注着爷爷的专注,欲为一滴水的灵动而伺机行动。

谋定而后动。小手似箭一样叼起一些水,在砂轮和刀刃间抖动手指,弹落几滴好看的水花的同时,小手被瞬时绞割,无名指耷拉着"小脑袋",鲜血直流……

止血,包扎,护理,岁月淹没了所有疼痛的记忆。素日里细看深长的疤痕,仍会令人不禁颤抖。不难想象当时那手指的惨烈,竟遭遇如此不知天高地厚、莽撞行事的主人。

母亲说,那些时日,爷爷整夜整夜抱着我。或许,在爷爷怀里入睡,可略减伤痛吧。

后来,我的右手无名指永恒地与一滴水的灵动相融了,留下小小的残疤顽疾。那难看的筋疙瘩也时时提醒成年的我,曾经如何为一滴水勇猛，心中时不时掠过想念爷爷那惆怅的疼，就像老年人的风湿病，刮风疼，下雨也疼。

如今，父亲也长了和爷爷一样的皱纹，不知道一道道深深浅浅的褶皱是生于哪一个白天和黑夜，哪一个晚息晨安照料的瞬间。爷爷成了遥不可及的血脉记忆，那一滴水的灵动以及为此写就的"英勇牺牲"，永恒暗示着儿孙祭奠祖先的肃穆。我低头看着疤痕，仰望苍穹，那磨刀的风线、外"八"字稳坐的伺机、灵动的水滴都让我深深怀念。

水，天上地下，云中人间，都一脉相承。雨水时节，从北方的日历上五味杂陈地撕下来，酸酸的手指，干渴的心，想念淅淅沥沥的雨，对着落雨成帘的窗外发呆多好，可以静静地思念爷爷。

最好每个人都有一个可以思念的人，最好每一次都可以思念那个人，最好一生的雨帘都是那一个人的思念。带着太白先生的浪漫与豪迈，带着东坡居士的洒脱与豪情，观万丈倾泻的山雨，嗅和风的细雨，听那冷雨。一打少年听雨，红烛昏沉；二打中年听雨，客舟中，江阔云低；三打白头听雨的僧庐下，一颗敏感的心，直接就到了宋朝，混迹在烟雨热闹的上河图中，满是亡宋之痛。

我曾几经爬上窗台一边企盼，一边陪伴几日连阴又几月滴雨不下的四季；曾几经像大地一样如饥似渴地隔窗观望雨水倾泻而下的盛况，一度被雨淋过打过的酣畅和狼狈；还曾无数次带着少年的梦想在雨中撒欢儿狂奔；也曾心疼过经太阳炙烤久旱的漠北麦田里匍匐的几近干枯的麦苗，模仿大人求雨的模样默默祈祷;更曾细看过顽强的格桑花被雨滋润后疾长,欣赏过其在漠北顽强生长且始终英姿挺拔地给予我和颜悦色的陪伴。

　　如今,人还在塞北轻寒的春季里,默然惆怅之余,惜那春雨贵如油,总想着要站在第一场春雨里静默,久久地静默。

　　北半球的日照时数慢慢增加,春雨自然是微小的,这恰好符合我的心意。加上耐寒的外套,扎紧踏青的鞋带,沿着城南的公路,到去年春季偶遇过的细细碎碎的黄色小花丛,寻觅记忆里藏着的星星点点的摇曳,感受万物丛生及蠢蠢欲动蕴含的无限内力。风里泛着潮气,雨水像逗号一点点打在脸上,脉脉的喜气随之扬在发丛、额头、眉间和脸上,湿漉漉的。真想伸出手给发丛里细密的银色雨珠拍个照,数一数里面到底有多少颗小小的珍珠。花针一样的雨丝渐渐打湿脸颊,清清凉凉的爽气从耳后穿过发梢,随风飘去。

　　蹲下身,扒开枯草婆娑的草地,春草不知何时已泛起鹅黄,正饮着湿漉漉的春雨。我想今夜之后,或许我从此经过摇下车窗,就会远远看到昨天看望过的它们吧,那一度还是遥看近却无的春色。我站在原地,愿为那雨滴画地为牢,任那甘霖落在我的身上,从我的发根穿过,从我的睫毛坠下,从我的鼻尖滑下,交付一年里最虔诚的希望与期待,待春暖花开,桃红梨白……

　　枕边人唤醒了我。是啊,大地的肌肤和我的肌肤一样,都打起了卷儿,有的早已化了尘随风四处飘散,荒野里的几棵老树顶着柴一样的枝丫守着老根,真不知是死是活,究竟谁比谁等得更辛苦呢?

雨水节气是来了,可是北方的雨季还远着呢,一辈子也整不出梅雨季节。倒是风,吹破琉璃瓦的漠北的春风,让充满豪情的北方汉子的心多了一丝敏感。风中多出一丝雨腥味和土腥味,已然融化了心中深藏的坚硬,触动着内心深处的柔软,任风吹,风拂面,春气生。

水利万物而不争。在自然界中,老子最赞美水,认为水德是近于道的。水没有固定的形体,因着外界的变化而变化;水没有固定的居所,沿着外界的地形而流动。水最大的特性就是多变,或为潺潺清泉,或为飞泻激流,或为奔腾江河,或为汪洋大海,却没有穷竭之时。

上善若水。雨水来,以动善时,与人为善,择善而从,善心善行。

二十四节气

惊蛰

阳气初惊蛰，韶光大地周。
桃花开蜀锦，鹰老化春鸠。
时候争催迫，萌芽互矩修。
人间务生事，耕种满田畴。

西汉戴德《大戴礼记·夏小正》曰："正月,启蛰,言始发蛰也。"

惊蛰又名"启蛰"。相传,汉景帝名讳为"启",为了避讳而将"启蛰"中的"启"改为意思相近的"惊"字。后来,在历代的史著中使用"惊蛰"。

3月5日或6日,斗指甲,太阳到达黄经345°,惊雷始,万物生。

一直期待3月的一声炸雷,以爆破冬日里封藏的一切,却从未惊见3月的雷鸣,好多年一直在北方的惊蛰里郁闷着,与惊出的虫鸟相比,我的郁闷经年有加,更胜一筹。

"惊蛰始雷"的说法,只与长江流域的气候规律相吻合。于是,在北纬41°的土地上成长起来的我,想在惊蛰前到长江流域听一听爆破春天的雷声,成了生命中长久的期待。

9岁那年,母亲微笑着将扯下皮的一个毛茸茸的东西送到我的嘴边,入口绵蜜,无比香甜,融化了所有的苦涩。后来,我才知道，那是香蕉。然而，梨我打小就知道，因为惊蛰一到，母亲就买来梨给我们吃。那是母亲特意节省出来春节吃食的旧藏，在山野乡居哪里是想买就能买得到的。因此，这是我对惊蛰仅有的记忆了。

山西一带有惊蛰全家吃梨的习俗，并流传有"惊蛰吃了梨，一年都精神"的民谚。也有人说"梨"的谐音是"离"，传说惊蛰吃梨可让虫害远离庄稼，可保全年好收成。再有惊蛰时，乍暖还寒，除了注意防寒保暖，还因气候比较干燥，很容易使人口干舌燥、感冒咳嗽。此时饮食应顺肝之性，吃梨养脾气、润肺燥，令五脏和平，增强体质，所以民间素有惊蛰吃梨的习俗。梨可以生食、蒸、榨汁、烤或煮，生梨性寒味甘，有润肺止咳、滋阴清热的功效，所以梨特别适合在这个节气食用。

恍然中年，大概是幼时一心顾着长大吧，全然不知道感受自然界一切生灵的生命气息。那每一根青丝助长每一缕缜密的心思，在万物的滋养下一日日变了模样，披靡向前。大抵到了 40 岁，我才懂得细细回想，它们之间细密的关联，亦步亦趋、牵引制衡、周而复始的流转蜕变，在人的身上和心上留下深深浅浅的痕迹。

惊蛰，始也，萌物者。

二十四节气最初是依据"斗转星移"制定的，北斗七星循环旋转，这斗转星移与自然节律变化有着密切的关系。现在是依据太阳黄经度数定节气，即将一个 360° 圆周的黄道划分为 24 等份，每 15° 为一等份，以春分点为 0°，按黄经度数编排。

惊蛰反映的是自然生物受节律变化影响而萌发生长的现象。时至惊蛰，阳气上升，气温回暖，春雷乍动，雨水增多，万物生机盎然。农耕生产与大自然的节律息息相关，惊蛰节气在农耕上有着相当重要的意义，是古代农耕文化对自然节令的反映。

惊蛰，为干支历卯月的起始。卯，仲春之月，卦在震位，万物出乎震，乃生发之象。一岁十二个月建，每个月建对应一卦，卯月（含惊蛰和春分两个节气）对应的是雷天大壮一卦；大壮卦的卦象就是天上开始打雷了，雷在天上响，非常形象。卯，冒也，万物冒地而出，代表着生机。卯月也是万物能量迸发的月份，一年春耕自此开始了。

惊蛰分为三候，一候桃始华，二候仓庚鸣，三候鹰化为鸠。描述的是进入仲春时节，桃花红、梨花白，黄莺鸣叫、燕飞来，一派生机盎然的景象。按照一般气候规律，惊蛰前后各地天气已开始转暖，雨水渐多，大部分地区都已进入春耕。因此，惊醒了蛰伏在泥土中冬眠的各种昆虫，过冬的虫卵也要开始孵化，繁衍出新生命。

二十四节气

春分

二气莫交争，春分两处行。
雨来看电影，云过听雷声。
山色连天碧，林花向日明。
梁间玄鸟语，欲似解人情。

孩童时无知,母亲说今日春分,我是顶不爱搭这个话的,埋头继续玩。我想这地方的春风有什么好的,还专门给安了个日子。春天来了,有啥好的,每天全是昏天黑地的黄风。我像风一样忙着疯长,长了几十年后,今天才晓得此春分非春风也。

3月20日或21日,斗指卯,太阳到达黄经0°,太阳直射点在赤道上,春分节气来到人间,来到漠北空旷的原野上,来到我和母亲的身边。

春分时节,中国除了全年皆冬的高山地区外大多数地区进入明媚的春天。

是呢,我和母亲被冷冷地排在北纬41°的西风黄沙里,那些黄淮平原上春光明媚的软风与花事,和我们又有什么关系呢。

就这样,春分不慌不忙地在两三日间平分了昼夜,平分了阴阳,也平分了整个春季,这才是我儿时未知的春分的真正用意。这点用意在内蒙古高原上是那么不起眼,甚至以春风的名义在多少人心里存在了多久也未可知。

春分是太阳黄经一个轮回的开始。此时,阳在正东,阴在正西,由此昼夜平分,冷热均衡,也称仲春之月。从气候规律来说,这时江南的降水迅速增多,进入春季"桃汛"期;在东北、华北和西北广大地区,降水依然少之甚少,春渴渐盛,求雨的焦盼就是从这里潜滋暗长的。

在中国古老的文化中,二十四节气融合干支时间以及八卦的运行,反映太阳直射点的回归运动规律及其引起的各种物相变化,有着久远的历史源头,汇集了劳动人民的智慧,形成了独特的文化认知体系。春分、秋分、夏至、冬至,"两分两至"在先秦时期流传各地。据史书记载,早在周朝,古人就有春分祭日、夏至祭地、秋分祭月、冬至祭天的习俗。古籍记载:"天子春朝日,秋月夕;朝日以朝,夕月以夕。"这里的朝日以朝,指的是春分白日祭祀太阳;夕月以夕,指的正是夜晚祭祀月亮。

北京的日坛,又叫朝日坛,是明清两代皇帝祭日的地方。日坛建于明嘉靖九年(1530年),正中用白石砌成一座方台,即祭坛。明初,坛面用红色琉璃砖砌成,象征太阳。清代改用灰色"金砖"铺面,坛四周环以圆形围墙。明清时期,皇家会在春分这一天的卯时在这里祭祀太阳。一般每逢甲、丙、戊、庚、壬年皇帝亲祭,其余年份派大臣前往祭祀。明代皇帝祭日要奠玉帛、礼三献、乐七奏、舞八佾、行三跪九拜大礼;清代皇帝祭日有迎神、奠玉帛、初献、亚献、终献、答福胙、车馔、送神、送燎等9项仪式。

春祭之时,有吃春菜、送春牛、竖春蛋等习俗。踏春游玩时,元鸟会至,元鸟,燕也,"春分而来,秋分而去也"。此即春分一候。

二候雷乃发声。阴阳相薄为雷，至此，四阳渐盛，犹有阴焉，则相薄乃发声矣。乃者，《韵会》曰："象气出之难也。"注疏曰："发，犹出也。"

三候始电。电，阳光也，四阳盛长，值气泄时而光生焉，故《历解》曰："凡声阳也，光亦阳也。"《易》曰："雷电合而章。"《公羊传》曰："电者，雷光是也。"《徐氏》曰："雷阳阴电，非也。"盖盛夏无雷之时，电亦有之，可见矣。

二十四节气

清

明

清明来向晚，山渌正光华。
杨柳先飞絮，梧桐续放花。
鴽声知化鼠，虹影指天涯。
已识风云意，宁愁雨谷赊。

智者所求,皆一生清明也。

成年的我无比怀恋幼年清明节前后天地间带给我清明的初识,尽管那只是一个孩子年少时天然的懵懂。或许,那是天道冥冥之中的馈赠,可怎么就恰好对应了成年的见识和慧悟呢?

春光明媚的景象在每一个生命的经年里熠熠生辉,宏图万里。

2022 年也是。清明,三月节。物至此时,皆以洁齐而清明矣。

起初觉得,似乎是除夕的爆竹开裂了冬季覆盖着头顶的苍穹,除夕和春节裹在孩子们的糖果里麻溜翻篇儿了,顺便连头顶那层冬季的阴云也翻了过去,似乎正月初一推开门,明亮的春天就到了眼前。

然而,真正的清明是何时来到身边的呢?

我知道,将春节带给人的喜悦许给清明,只是我的一厢情愿。

女人和孩子总能唱起节日的主角。昨儿还是严冬里深裹的棉衣,今天就穿红戴绿、花枝招展了春意,现出藏了一冬的欢喜。

大人和孩子个个喜气洋洋,逢人便喊过年好。人逢喜事精神爽,满满地释放着冬藏的能量,冷冻的冬风,一下子就被烘软了。"三九"那阵儿成堆的雪经风掠过,被一夜的爆竹炸塌了腰身。矮了大截之后,照坡的阳面开始塌陷,一道雪水顺坡流下来,顺道浸湿爆竹炸裂的纸屑,红红地泻着喜气,春气,一泻千里。

倾泻的喜气,将我裹挟在春和景明的气象里,直到清明时节。

4月4日或5日,斗指乙,太阳到达黄经15°,清明节到来,万物吐故纳新。风儿软了,草儿绿了,鸟儿飞来了,春和了,景明了。清明三候,一候桐始华,二候田鼠化为鴽,三候虹始见。在江南,清明节到了,桐花、麦花和柳花三花渐候。

桐华,开于清明一候。《逸周书》记载:"清明之日,桐始华。"显然,桐花自是清明的标志。村园门巷、郊原平畴、深山驿路、水井寺庙,都是梧桐的栽植之地。清明时节,桐花盛开,树干高耸,树冠敷畅,桐花硕大妩媚,自有一种元气淋漓之美。

盈虚有数。北方的原野仍是一片灰黄,偶尔还冒着冷气,而南方的清明时节早已春意盎然了。桐花既是春景的极致,也是春逝的预示,在江南的细雨绵绵中明明灭灭。

北方有句谚语:"清明前后,种瓜点豆。"南方却说:"圆荷浮小叶,细麦落轻花。"

昙花一现，是为韦陀；麦花初绽，却惠众生。

麦花，开于清明二候。它没有暮春繁华的絮然，也少了些许慵懒恬淡，甚至连印象中该有的花的形色都不具备。那样的渺小微弱，以极短的花期在百花中低调存在，潜心孕育金黄，静候收割前朦胧的希望。它承载着无限而又坚实的力量，开成了春日清明中一片雪白柔美的月光，守护着暮春，启迪着人们，向那热烈的夏日致敬。

柳花，于清明节初生柔黄，即开黄蕊，见于三候。晚春叶成后，蕊中结细子，蕊落而絮出，随风飞舞，引童捉戏。

柳者，留也。取谐音，意为留念、留恋。杨柳依依，依依惜别，便因此而来。

东坡居士在黄州的第二年，收到友人章楶寄给他的柳花词《水龙吟·杨花》，其词有吟："燕忙莺懒芳残，正堤上柳花飘坠。轻飞乱舞，点画青林，全无才思。闲趁游丝，静临深院，日长门闭。傍珠帘散漫，垂垂欲下，依前被、风扶起。……望章台路杳，金鞍游荡，有盈盈泪。"

东坡次韵："似花还似非花，也无人惜从教坠。抛家傍路，思量却是，无情有思。萦损柔肠，困酣娇眼，欲开还闭。梦随风万里，寻郎去处，又还被、莺呼起……春色三分，二分尘土，一分流水。细看来，不是杨花，点点是离人泪。"

春和景明的气象里竟暗藏着如此不可遮蔽的轻愁，是自那日介子推长眠而立禁火寒食的渊源，还是万事皆有定数、自有定数的怅然和苍茫？即使一季一季百花争艳的春色也难以释化、无以消融,最后还是一片散落寂静的素白……

在漠北苍茫无色的三月里,风软一阵硬一阵横竖在高原上。父亲提着原打算放在地窖里过年时吃的糕点和放久了使得水分无几的几颗苹果,昨儿剪好的纸钱压在下面。少年的我紧跟父亲并不紧急的脚步,穿过门前的坯厂,默然翻过几个45°的南坡,停在十几里以外山洼里祖父的坟前。那哀思随着纸钱烧出的火苗被风吹走,也不知是否真的如人所愿到了祖父那里。

清新明艳、软风微醺的春天,万念在祭祖的哀思里,似乎还未出发就到了归处。悠悠然这人世,忽而又细想着来处,几番思虑、几经回炉,头脑渐渐清醒,中枢逐力,脚下生风,抢晴播种,长城内外春耕忙。踏青赏花,荡秋千,放风筝,吃青团,炸馓子,一阵春忙,春光、春气、春运尽显,着实祖荫庇祐啊!

清明,清澈而明朗也。《荀子·解蔽》曰:"故人心譬如槃水,正错而勿动,则湛浊在下,而清明在上,则足以见须眉而察理矣。"

一生清明,皆智者所求也。

二十四节气

谷雨

谷雨春光晓，山川黛色青。
桑间鸣戴胜，泽水长浮萍。
暖屋生蚕蚁，暄风引麦葶。
鸣鸠徒拂羽，信矣不堪听。

清明祭黄帝,谷雨祭仓颉。

谷雨,是春季的最后一个节气。斗指辰,太阳到达黄经30°,于4月19日或20日交节。

中华文明源远流长,中国文化博大精深,最基本的均源于中国的汉字。在渭南市白水县,每年谷雨时节都会隆重祭奠造字的仓颉。字衍百文,雨生百谷,我想寓意大概如此吧。

据《淮南子》记载:"昔者仓颉作书,而天雨粟,鬼夜哭。"大概意思是,仓颉创造出文字的时候,突然间白天里天上下起粟米雨,鬼也在夜里哭喊。据说仓颉死后,人们把他安葬在他的家乡——白水县史官镇北,墓门上刻了一副对联:"雨粟当年感天帝,同文永世配桥陵。"每年的谷雨,仓颉庙会都会在陕西省白水县如期举行。

漠北,风是雀跃的,并且总是独占鳌头。倘若冬季无雪、雨水无雨,风就更加涨了势,施虐得没天没地没人烟。漠北的百姓就像漠北的黄尘一样干渴得浮游在天地间,盼雨求雨的身心真到苦诚。谷雨若是滴雨不下,就真要旱死了。

谷雨时节,江南气温升高,雨量增多,空气中的湿度渐渐加大,万物皆在雨露中焕出新颜。此时在北方,正是谷类作物生长的最好时节。

谷雨一候萍始生。浮萍,是浮生在水面上的一种草本植物。叶扁平,呈椭圆形或倒卵形,表面绿色,背面紫红色,叶下生须根,花白色。全草可做饲料或绿肥。巴金在《苏堤》里这样写道:"左边的水面是荷叶,是浮萍,是断梗,密层层的一片。"浮萍,用来比喻变化无常的人世间或漂泊不定的身世。老舍在《四世同堂》里这样描述:"既无父母,她愿妥定的有个老家,好教自己觉得不是无根的浮萍。"

谷雨时节,浮萍开始生长。

谷雨二候鸣鸠拂其羽。鸠指的是布谷鸟。

乡间的鸡鸣和鸟叫,几乎是我美好童年的记忆。大概公鸡的骄傲并非只因羽毛漂亮,我想根本应源于催人早起的本领,否则仅仅因为几根羽毛,公鸡何至于将头抬得老高,一傲再傲。一声破晓,车马牛羊都和着人声动了起来,整个世界沸然了。

每一个黑夜和白天究竟是由哪一声鸡鸣唤出并且渐渐分出颜色,人们是不知道的,也不会去追问,因为总会有那么一只。但是,我确实从听到第一声啼鸣被唤醒之后,在三更和五更之间,静静等待过第二声、第三声鸡鸣,直到窗外天色渐渐发白,鸡鸣鼎沸,人声鼎沸。

布谷鸟的叫声有另外一番情境。从谷雨开始,大概白日里田间地头或树梢上常有布谷鸟的身影,伴着清风和阳光。可我只记得童年时期艳阳高照,我赖在床上,布谷鸟在院子里不停地发出"布谷布谷"清脆而从容的叫声,似乎在催醒赖床的孩童。的确,我曾被遥远而动听的布谷鸟叫一再催醒,可是当时似乎没有丝毫懊恼,反而继续在装睡中聆听布谷鸟叫声的美好,希望它能久久欢歌;我有时也会急急爬起,悄悄推开门,想看看布谷鸟可爱的模样。布谷鸟有时会东张西望,有时会抬起脚啄自己的羽毛,有时还会高高飞起、不见踪影,给孩子急切的心留下些许无奈。

母亲说,布谷鸟来了,父亲该播种了。

谷雨三候戴胜降于桑。戴胜鸟有着尖长细窄的小嘴,头戴棕栗色长羽冠,身着黑白相间的横斑,羽纹错落有致,外形极其独特。戴胜鸟机警耿直的禀性、忠贞不渝的习性,使其自古以来就成为宗教和传说中的象征物之一。谷雨时节,象征祥和、美满、快乐的戴胜鸟会栖落在桑树上,让人们重温我国古代赞美戴胜鸟的诗歌。

谷雨时节,人们有各种喜春轶事。谷雨茶就是谷雨这天采的鲜茶叶制成的,而且需要上午采。谷雨茶色泽翠绿,叶质柔软,富含多种维生素和氨基酸。传说,人们喝了谷雨这天的茶可以清火、明目,所以不管谷雨这天是什么天气,种茶的农人都会去茶山摘一些新茶回来喝。

"谷雨三朝看牡丹",牡丹花被称为谷雨花、富贵花,谷雨时节赏牡丹已绵延千年。清顾禄《清嘉录》曰:"神祠别馆筑商人,谷雨看花局一新。不信相逢无国色,锦棚只护玉楼春。"至今,山东菏泽、河南洛阳都会在谷雨时节举行牡丹花会,供人们观赏游玩。

香椿醇香爽口、营养价值高,故有"雨前香椿嫩如丝"之说。人们把春天采摘、食用香椿说成"吃春"。香椿一般分为紫椿芽和绿椿芽,尤以紫椿芽最佳。鲜椿芽中含丰富的蛋白质、胡萝卜素和大量的维生素 C,其叶、芽、根、皮和果实均可入药。

在中国北方沿海一带,渔民们过谷雨节有着悠久的历史。海祭时刻一到,渔民便抬着供品到海神庙、娘娘庙前摆供祭祀,有的则将供品抬至海边,敲锣打鼓,燃放鞭炮,面海祭祀,场面十分隆重,这一习俗多在今胶东一带流行。

古时有"走谷雨"的习俗。谷雨这天,人们走村串户,有的到野外走一圈就回来,寓意与自然相融合,强身健体。因此,一定要在谷雨时节邀上亲朋好友,迎着晚春的微风,向略有绿意的陌上走去,说不定还会遇到一只喜欢的布谷鸟呢。

谷雨贴,禁杀五毒。谷雨以后,气温升高,病虫害进入高繁衍期。为了减轻病虫害对农作物及人的伤害,农家一边进田灭虫,一边张贴谷雨贴,希望驱凶纳吉。这一习俗在山东、山西和陕西一带十分流行。清乾隆六年,《夏津县志》记载:"谷雨,朱砂书符禁蝎。""禁蝎"的民俗反映了人们驱除害虫及渴望丰收的心情和愿望。

谷雨贴,是一种传统的手工艺品,上面刻绘神鸡捉蝎、天师除五毒形象或道教神符,寄托人们驱杀害虫、盼望丰收、祈求安宁的良愿。

二十四节气

立夏

欲知春与夏，仲吕启朱明。

蚯蚓谁教出，王苽自合生。

簌蚕呈茧样，林鸟哺雏声。

渐觉云峰好，徐徐带雨行。

　　冬天还没有彻底走远,我好像偶尔还在春天早晚的温差里蛰伏,夏天便猛然来了,征兆极少。

　　日历上的立夏特别醒目。哦!已经立夏了,漠北的夏天到了。

　　嗟乎,自媒体疯传的感慨让日子立刻转了阳,一点点在心里做着鼓起勇气的心理建设。我想,该从漠北的深春里出来了,大胆地卸掉御寒的外衣,学着古人的模样,祭祖尝三新,祈福斗熟蛋,这样真的就到了夏天,自然界开始慢慢热闹起来。

　　的确,按照气候学的标准,连续 5 天日平均气温稳定升达22℃以上为夏季开始。立夏节气,春的范围达到广盛,除了海南、广东、广西、江西中南部、湖南南部、福建等地是夏季,其余大部分地区仍是春季。细细想来,夏天真是该来了。

　　5 月 5 日前后,斗指巽,太阳到达黄经 45°,蛰伏已久的阳气随着立夏节气的到来开始大举向北推进,抵达华北,以及漠北,乃至漠北以北。

我国幅员辽阔、南北跨度大,各地自然节律不一。进入立夏节气后,在华南地区,5月中旬的雨量迅速增大,进入前汛期。此时的暴雨往往具有时间上的连续性、地域上的广阔性和强度上的猛烈性等特点,在两广的珠江水系和福建的闽江水系,水位迅速上涨,因此民间有"立夏、小满,江满、河满"的说法。

立夏时节,全国大部分地区平均气温在15℃至20℃。这时华北、西北等地气温虽然回升快了起来,但降水仍然不多,加上春季多风,水分蒸发量比较大,天气干燥。

阴山以北,每当立夏猛然敲醒畏寒的身体,我便常常蜷缩在苦寒的漠北默默感受委屈——与季节齐飞的心,在期盼立夏节气到来的过程中急急地将棉衣、卫衣、单衣一层一层卸掉,而漠北的实际温度却远远跟不上节律的脚步,着实辜负了盼夏的人,糟践了美丽的心情,怎么不委屈?美丽不见得能体会到,可冻人却是真的,严寒的天气过早地将人困在屋里。秦岭以北的人们对夏天积攒了太多的期待,但即便是夏天到了,六月的雪也是正常访客,呜咽的风声糟蹋了一季的旧梦,亟待翻新。

立夏,是夏季之始,所谓"立"即开始的意思。立春、立夏、立秋、立冬,分别代表春季、夏季、秋季、冬季的开始和到来。为了更准确地表述时序特点,古人根据天气和物候,将节气分为"分""至""启""闭"4组。"分"即春分和秋分,古称"二分";"至"即夏至和冬至,古称"二至";"启"是立春和立夏;"闭"则是立秋和立冬。立春、立夏、立秋、立冬,合称"四立"。

夏,万物宽假之时也。夏,在《尔雅》中被称为"长嬴"。嬴,取其"盈满""盈余"之意。立夏是标示着万物进入旺盛生长的重要节气。夏三月,此谓蕃秀,天地气交,万物华实。

立夏三候。一候蝼蝈鸣。在这一节气中,人们首先能听到蝼蝈在田间、地头、水洼和池塘里鸣叫。童年有好多美好时光的剪影,蛙声常常在搅动一池雨水的时候,也搅动了空气中那三两月夜碎银,搅动了孩子们的心。多少年之后多少次回头,仍余音袅袅,心里记着漠北夜里空旷寂静间蛙声的生动。那一片片蛙声此起彼伏、悦耳动听,常常使我不寐,至今回味无穷。二候蚯蚓出。立夏之后,大地上便可看到蚯蚓在掘土,蚯蚓在泥土中忙忙碌碌,成为食物链上忙碌的一大家族。三候王瓜生。王瓜,亦称"土瓜",系葫芦科栝楼属多年生草质藤本植物。立夏后,它的蔓藤开始快速攀爬生长,乡间田埂的植物也都彼此争相出土、日日疯长。

那些在冬天藏身、春天蛰伏的生灵蓄积了满满的力量,经过惊蛰的复活、谷雨的洗礼和润泽,在立夏蓬勃向上,活力满满。

小麦和水稻是粮仓里最庞大、食物中最基本的主角,餐桌上统称主食。小麦以北方为主产区,水稻以南方为主产区。它们各领风骚,供养人类。

瓜果桃梨在立夏之后生长旺盛,逐渐成熟。特别是西瓜,最是人们消暑解渴的佳品。

薄荷在夏天长势飞快,越热长得越快,不过它比较喜欢水分,要在水分充足的地方多晒太阳才能长势旺盛。它不挑土壤,耐贫瘠,耐干旱,耐严寒,耐炎热,这种植物简直是养不死、打不死的小强。注意,喜水和耐旱可是两个概念哦。

薄荷在民间被称作银丹草,是一种能观赏、能吃、能泡水的食用级植物。薄荷在野外很多地方能找到,但是它比野草还要好生长,随便剪个枝条或者挖一段根系,往园子里一丢,自己就能长出一大片。薄荷能泡茶,能做菜,还能制作成各种饮品以及各种口味的牙膏、口香糖等,培植成本低,经济价值非常大。

蓝雪花,在花卉中有着独一份的魅力,单是这名字就可散发出幽深的气息。蓝色的花朵盈盈外溢,看一眼就入了多情人的心,让人初见惊艳,俯身低眉,甚是迷恋欢喜。

蓝雪花也是立夏之后生长特别旺盛的植物,幽蓝幽蓝的花朵静静地挂在枝头,虽不招摇,却给炎热的夏天带来清凉的气息。它穿过深情的眼眸,植入心间,让人暂忘夏季的炎热,将那一抹幽蓝永久地留在心间。

蓝雪花的开花能力特别强,在炎热的夏季,甚至在强光下也能不断地生长开花,而且越热长得越快。它的根系比较发达,生长力十分旺盛。往花盆里一栽,浇透水,晒太阳就可以了。将蓝雪花放在阳台上能长成一面小花墙,从内到外,自作主张,安静而美丽地生长在这个世界的角落。

中国民歌是极赋民族特色的艺术形态,十分丰富。《茉莉花》当是人们耳熟能详的民歌。于我而言,它犹如一席花神,美妙的音乐从耳膜冲进来,直接萦绕在五脏六腑中,在心里驻了足,慢慢浸润、浸润。之后,那种和人特有的阴阳五行密接后的特别气韵,会随着人体的血液和气息一起聚集到脑部,从每一根发丝的终端传到外界,最后人与物、与周遭的一切,连同空气都拜倒在茉莉花的石榴裙下。好一朵美丽的茉莉花啊!

《茉莉花》的确不是一首简单的音乐曲目,恰似中华文化的悠久浑厚、神秘莫测,又似东方女性的端庄大方、温婉贤淑,散发出清婉淡雅、永不凋谢的精神力量。它就像一盏茉莉清茶、一杯茉莉花酒、一剂茉莉霜膏一样,永远滋润着人的玉洁肌肤、明眸皓齿、心神灵魂,美丽、深远、悠长,人人相见倾心。

茉莉花是夏季花卉中有名的佳品,茉莉中最好养的品种是双瓣茉莉,在施肥、浇水充足的情况下,尽管经历夏天的烈日炎炎,仍然姿态卓然,散发出阵阵花香,常开不败。茉莉花茶配方良多,功效丰富,是人们特别喜爱的饮品。

《生如夏花》,是泰戈尔的名诗。自然界中的许多植物会在夏季绽放出生命中最绚丽的姿态,让我饱含深情地为你解读一下这如夏花一样蓬勃的生命以及其最好的季节吧。

立夏,让众多植物以璀璨的容颜、妖娆的身姿、昂扬的气度,重复着决绝,又重获幸福,如同承受心跳的负荷和呼吸的累赘,生命乐此不疲。

立夏,让人们看见更多、更长久的明丽,听见百鸟朝凤、百虫争鸣的纯自然音乐。生灵在极力捕获极端的纯粹和缥缈的唯美后,一生充盈着激烈,充盈着纯然。尽管总有回忆贯穿于世间,我们仍然相信,自己死时如同静美的秋日落叶,不零不乱,姿态如始,即便枯萎也保留丰肌清骨的傲然。

人们常常会说着真情,传递和释放真情,并且始终膜拜和相信真情。真情是小麦和水稻来自泥土的朴实,也是王瓜坦然如常的姿态,还是一簇幽然的蓝雪花的深情,更是好一朵美丽的茉莉花四溢芬芳、安然驻守岁月经年沧桑的韵味。

立夏,自启终闭。一路走来,一路盛开澎湃,又一路频频遗漏,遇见、终见离散,最后在岁月的拐角遇见另一个更好的自己。

啊!生如夏花之绚烂,死如秋叶之静美。

二十四节气

小满

小满气全时，如何靡草衰。
田家私黍稷，方伯问蚕丝。
杏麦修镰钐，锄蓝竖棘篱。
向来看苦菜，独秀也何为？

1

在儿童剧《骄傲的大公鸡》中,大公鸡一出场,高脚举起落下间尽显趾高气扬的气度,自以为是的样子让人一顿好笑、一阵怜惜、一阵唏嘘,呜呼……

错误和可笑似乎从来都是别人的窘态,人们常常在自以为是的前行中过度失态,然后自食其果。若能好自为之、谦虚谨慎、慎独安稳,尚为良人。

然而,世间百事现出百态,有的荒诞无语,有的惊险刺激,有的热闹有趣……且说小满吧。

小满是进入夏季后的第二个节气。斗指巳,太阳到达黄经60°,于5月20日或21日交节。一候苦菜秀,二候靡草死,三候麦秋至。

小满的含义为小麦籽粒的饱满程度相当于乳熟后期,还没有到完全饱满的时候。

在北方，小满期间雨水甚少；在南方，会因为来自海洋的暖湿气流与北方南下的冷空气相遇，出现持续的、大范围的降水，使得江、河、湖水渐满。"小满动三车"，特指小满时节，农村中会进行三种重要的农业劳动。三车指的是水车、油车和丝车。古人信仰万物有灵，"三神"对应"三车"，即水车车神、油车车神和丝车车神。祭车神是一些农村地区古老的小满习俗。还有传说，"车神"为白龙，农家在水车前于车基上放好鱼肉、香烛等祭品，祭品中有白水一杯，祭祀时泼入田中，有祈祝水源涌旺之意。

小满节气意味着雨水开始增多，往往会出现持续大范围强降水。在南方地区的农谚中，小满指气候三大特征中的降水。小满节气雨量大，江河至此小得盈满。

相传，小满节气正是"蚕神"诞辰之时，因此江浙一带在小满节气时有一个祈蚕节。

《清嘉录》记载："小满乍来，蚕妇煮茧，治车缫丝，昼夜操作。"可见，古时小满节气时新丝已行将上市，丝市转旺在即，蚕农丝商无不满怀期望，等待收获的日子快快到来。

此时，南方的荔枝在街头巷尾登了场，阿婆洒足了水来保鲜，路过的人们忍不住回头，想着皮一剥，羊脂玉般的果实轻弹即破，让人在慌乱中饱吸荔枝特有的香甜。

小满时节，枇杷泛黄成熟。其仁和叶有镇咳的功效。早在西汉时期，我国就开始栽培枇杷。枇杷最早产于四川、湖北一带，适宜温暖湿润的气候。白居易有诗云："淮山侧畔楚江阴，五月枇杷正满林。"写足了枇杷盛栽的景象。正是从唐宋开始,枇杷被看作高贵、美好和吉祥的象征。

春水渐渐涨起来,满了江河,水路通畅;满了田地,备好芒种前最后一次插秧。时而下弦、时而上弦的月儿就要满了,大地渐渐泛起一地碎银。麦粒日夜灌浆,在小满时节渐渐饱满起来。清风晃过荡过,麦浪一浪追逐一浪,属于它的诗和远方是满满的天下粮仓。

小满,说的是将满不满、将熟未熟的状态,一切都刚刚好的时候,充盈着喜悦,充盈着期望,不疾不徐地努力,未来可期可待可成。小满者,满而不盈,满而不溢,满而不损也。

锅里煮牛奶,不小心就过了火,过了火就溢出来,溢出来的恰是那层表皮带着黄色油花儿的奶皮精华,咽着口水一边打理一边可惜。将滚烫的开水灌到壶里保温,想着多那一口,不小心就溢出来,索性连壶盖都不接纳,提起来倒出一点不行,再倒一点,结果少了好几口,悻悻然塞上壶盖,心里自是不爽,唉,何必要多那一口呢?

儿时最是期盼中秋节,进了八月便开始一日一日扯下日历,一点一点浅浅地期待。梨桃瓜果、月饼蛋糕,各种新鲜的美食备好,放在阴凉处,每天看着、日日数着,心里喜悦满满、期待满满、幸福满满。

"满招损,谦受益。"说的就是这物极必反、盛极而衰的事物发展规律。

那日小满交节,在街上听闻:"小满后的下一个节气是什么呢?""大满呗。"这回答如此满打满算、满不在乎。

二十四节气里,小寒大寒、小雪大雪和小暑大暑如三对孪生兄弟结伴成对,唯独小满之后并无大满,这小满之后便是大满的理所当然的想法竟是大错特错了。

人不可自满。小满之后,当芒种辅之,不可能有大满。古人早已为我们立下先训,我们只要遵道而行,不断追求、奋力前行、扎实收获即可。与日月星辰供养生息,与身边亲朋和良善之人相伴互念,生活自是一番闲适自得的良辰佳景,人生自是一幅不负韶华不负卿的岁月成全图景。

骄傲的大公鸡,不要走在别人的眼睛里,更不要走在自己的世界中。

2

柳树抽满新条,翠绿的枝条垂下来,像舞者倒挂的秀发。微风也好,一阵清风吹来的八成是新绿的味道,抖动了柳树的摇曳和婀娜之后,徐徐吹皱那一江春水。那里有它们和小满说不尽的私房话,一波又一波。

河水渐渐涨满,鱼虾在水里翻滚跳跃,被明媚的阳光透过水面照耀着的水草,在风动之后现出新的婀娜。还有堤坝上满眼碧绿的青苔,都带给人新生的明快和喜悦。

阳光正好。草原上的阳光是从清晨天边梦幻般的色彩中走来的，暗绿、深蓝、紫罗兰、雪青……当天空在刹那间演变成粉红色的时候，太阳金色的光芒随即从苍茫的地平线上千丝万缕地喷射出来，然后金黄色的光芒渐渐从东向西滑过千里碧绿的草场，落在阿妈的毡房顶上。阿妈挤奶的双手，也将过一把一把金丝奶香。羊群马背披着一身金色的暖意撒欢打趣，腾起一团团金色的尘雾。一丛金色从珍珠白马的鬃毛扫过，纵横缎面一样的皮肤，穿过胯下，将白色的马尾连成一束跳跃的火苗，一路向东奔腾而去。额尔古纳河粼粼的金光一闪一烁地讲述着套马杆和牧马人古老的故事。这故事就像毡房里父亲熟睡的鼾声一样悠长。

即便是晌午的阳光也不热辣、不刺眼，暖暖地照在人的身上。婆婆们有时会走上田埂，采摘苦菜和马齿苋，有时索性闲着身子，在檐下晒晒太阳。想起昨天的野菜还有，起身回屋拿给隔壁腿脚不利索的老姐妹吃。除了阳光，生活原本还有更深的暖意。

月亮日日一新，与豆蔻年华的少女一起长大。少女初成时心怀那一抹白月光，清白素然，独上兰舟。假如心底泛起缕缕轻愁，那一定是对满月的期许，才下眉头，却上心头。

万物一派昂扬的姿态，特别是金叶榆，即便生在高大笔挺的白杨下面，也从未低眉。阳光下跃动着清丽的明艳显然更胜一筹，一片一片闪烁着，一树一树晃动着。本来久未贪婪的心掌控着整个身体，可看到这一派阳光在微风中灵动的明艳，整个身心都被融化了——想着从眼睛里看，从鼻孔里吸，从嘴巴里含，或者将那周边一并明艳的空气也深深地拥抱吧。啊！这世间少有的明快、清新和灵动！

小满，四月中。小满者，物至于此小得盈满。

小满，欣欣然，刚刚好。

二十四节气

芒种

芒种看今日，螳螂应节生。
彤云高下影，鵙鸟往来声。
渌沼莲花放，炎风暑雨清。
相逢问蚕麦，幸得称人情。

一想到你我就,空恨别梦久

烧去纸灰埋烟柳

于鲜活的枝丫

凋零下的无暇

是收获谜底的代价

余晖沾上,远行人的发

他洒下手中牵挂

于桥下

前世迟来者(擦肩而过)

掌心刻(来生记得)

你眼中烟波滴落一滴墨

若佛说(无牵无挂)

放下执着(无相无色)

我怎能,波澜不惊,去附和

一想到你我就

恨情不寿,总于苦海囚

新翠徒留,落花影中游

相思无用,才笑山盟旧

谓我何求

谓我何求

种一万朵莲花

在众生中发芽

等红尘一万种解答

念珠落进,时间的泥沙

待割舍诠释慈悲

的读法

…………

歌曲《芒种》以其古典曲风和现代流行音乐的演绎手法完美结合,一度风靡大江南北。

我打小喜欢唱歌,甚至可能在娘胎里就有母亲歌声的滋养孕育。我曾经是小有名气的校园小歌手,有幸在青春年华里圆过艺术美梦,登过雅台,受过嘉奖,对音乐的感受力较深。《芒种》这首歌是曲风、韵律、声线、唱腔完美的结合,歌者一开口,便有一种勾魂摄魄的幽情,一听再听,深意百出,真令人喜欢。

听出深情古意。"一想到你我就……"一出声就将你的心魂从俗世间惊动,断然拉回原位,甚至带你回到久远的从前,从前的从前。自古伤情多别离,离别的梦做了又做,一次次看见你远去的背影,徒增伤悲。烧尽空留遗梦的纸笺,浅埋湖堤的烟柳,在每一个四季的轮回里都不能挽留你以及你的一切。迂回婉转的古筝韵律,带你走过迢迢悲秋,走过万雪寒冬。最终,你我只是带着古意的传奇,一了百了。

听出悲欢离合。这个世界是运动变化的,这样想的话,所有的离与合就再正常不过了。然而,无论是《芒种》歌词里"恨情不寿,总于苦海囚。新翠徒留,落花影中游。相思无用,才笑山盟旧"的苦情悲戚,还是李清照《如梦令》里"昨夜雨疏风骤,浓睡不消残酒。试问卷帘人,却道海棠依旧。知否,知否?应是绿肥红瘦"的离别感伤,抑或是李煜《虞美人》里的"春花秋月何时了,往事知多少……恰似一江春水向东流"的无奈撒手,都消耗了人的多少精气。人间皆因情事跌宕起伏,让人荡气回肠。

听出善恶因果。"种一万朵莲花,在众生中发芽,等红尘一万种解答。"一万朵莲花,就是一万个生命体的一万种状态,承载着一万个心愿,却成一万根抛物的流线,落地一万种结果。无论鲜活还是凋零,最终都应收获谜底的代价。种瓜得瓜,种豆得豆。芒种之时,赶忙而种,过期不候。善恶皆有因,半点不由人。

听出宿命禅意。若佛说,无牵无挂,放下执着,无相无色。滔滔缘起,翰翰缘灭,只在拿起与放下时,正邪善恶均在一念之间。万物皆有律,盈虚有转,互为幻化,阴晴圆缺总有时。听见就听见,看见就看见,嗅见就嗅见,只是且看且听且嗅,不起心、不动念,不做判断取舍。山高自有客行路,水深自有渡船人,心地清净方为道,退步原来是向前。

一首歌所能听出的古意、深意和禅意，是多少先贤圣哲启悟成性、衣钵相传的结果。载日月星辰，赋岁月更迭。芒种，如期而来。

6月5日或6日，斗指丙，太阳到达黄经75°，芒种节气到来。芒种即有芒之谷类作物可种，过此即失效。这个时节气温显著升高、雨量充沛、空气湿度大，适宜晚稻等谷类作物种植。农作物耕种以芒种节气为界，过此之后种植成活率会越来越低。农事是古代农耕文化对于节令的反映，在农耕文化里有着相当重要的意义。芒种是一个忙于耕作的节气，民间也称其为"忙种"。这个时节，正是南方种稻与北方收麦之时。

芒种三候，一候螳螂生，二候鵙始鸣，三候反舌无声。在芒种节气时，螳螂卵因气温变化而破壳生出小螳螂；喜阴的伯劳鸟开始在枝头出现，并且感阴而鸣；反舌鸟因感应到气候的变化，慢慢停止鸣叫。

二十四节气

夏至

处处闻蝉响，须知五月中。
龙潜渌水坑，火助太阳宫。
过雨频飞电，行云屡带虹。
蕤宾移去后，二气各西东。

夏，假也；至，极也。万物于此皆假大而至极也。

6 月 21 日或 22 日，斗指午，太阳到达黄经 90°，正午太阳直射北回归线，热浪滚滚，一如市井的纷扰。

热情、热爱、热闹、热衷、热烈，集聚世态人情，如钱塘的头潮，启夏商，达先秦，经两汉，盛六朝，绎隋唐，至宋元，越明清，浩浩归今。

包头，蒙古语，包克图，意为有鹿的地方，源于初建时有鹿的传说。草原钢城包头，实为蒙古草原上的明珠之城，也因城内有赛罕塔拉城中草原而享誉。包头，也是稀土之都，以世界最大的稀土储量傲然成名。

包头城中有一个大园子，名为劳动公园。白日里这里熙熙攘攘的人流穿过白杨的疏影、草间的小道，看过聚集的群鸽，在横跨湖中的汉白玉大桥上转身浅回眸，抑或放眼望去，金色的余晖下满满一塘静荷，让人不觉怀想起朱自清的《荷塘月色》。

我本不排斥热闹，就像袅袅而来的夏至，生活尽可随心。可是秉性好静,一度在那汉白玉桥拱的高点暗下决心。夏日,一定要在夏至的三候里择满月之时,幽会这一池荷色,让这劳动公园里的荷塘,独然静然超然地予我一回,满怀揽月,满心饱荷。

夏至满月,月入中天,天入亥时,雾笼苍穹,荷香沁脾,银辉万碧,俘获凡心。

入了园子的门,身一抖,心一松,就将尘世的外衣卸在门外。幽会的心不免因蓄意已久而身轻步疾,忽而又心里劝自己,这时光要慢慢蒸煮。在满月的呵护下,穿过翠绿的草坪,俯下身子闻闻带着潮气的草香,看四下无人,索性在草地上打几个滚,最后大字一横,仰面对着如盘的月亮忆起旧事,翻起旧梦,直至一朵云像旧梦一样飘过来将眼中的月亮遮住才感不妙。回忆的深情与寡意,只在于一个月亮的存在。陪着那朵云默然走过那截没有月亮的路之后,抬起头细细分辨通天的白杨树叶,忽闪的哪一缕是灯光,哪一缕是月光呢?

想着,就到了荷花池边。

夏至将万物的阳气推到高点,月色之中,玉色撩人,青草的翠绿散发着欣欣元气,园中偶有古木让人肃然起敬。如果说灼热的日光激荡起英雄之气,那夏至的月色定会淋漓清奇的侠气。

皓月当空,月光如水倾泻而下,清凉如银。空气如水静谧,清凉柔和,让人生有无限的柔情,顷刻就忘却了尘世的纷扰。

我蹲下来,拂手敛荷香。荷塘月色一寸一寸裹挟着我的身体,透过肺腑,身心俱陷。整个人浸在月色中,人荷月融为一体,闭目养神,一时无我,人天俱老。

常在月圆之夜凭窗而立,享受高楼之下茫茫一片的阔然,纵有万千思绪,均能一展抒怀。荷塘边,一轮皎月静默湖中,多了清新,多了清净,多了清丽,将心向明月,细细诉私语,多了泰然,多了坦然,多了淡然。心神一晃,不觉就想起儿时月下清寂的池塘。那是一幅漠北的清辉图,月下独行,空旷寂寥,除了天地,只我一人。

夜色无邪,袒露万千真相。月色给万物增添了特有的灵性,一切都静下来。整个荷塘静默在月光之中,吸取天地之精华。湖面光华如圣镜,内心皎洁无暇,彻然通透⋯⋯

明月上西楼,憾不能在十里荷塘中纵舟酣睡或假寐,却让夏至的清梦惬然,将一生中最年轻的自己丢在鹿城夏至的荷塘月色里,在一年中最短的深夜,转身离去。

转身入凡尘,旧事重兜心。

浅说夏至三候。一候鹿角解。古人认为,鹿的角朝前生,所以属阳,夏至日阴气始生而阳气始衰,所以阳性的鹿角便开始脱落;而麋因属阴,所以在冬至日角才脱落(麋与鹿虽属同科,但古人认为,二者一属阴一属阳)。二候蝉始鸣。雄性的知了在夏至后因感阴气之生便鼓翼而鸣。三候半夏生。半夏是一种喜阴的药草,因在仲夏可采块茎而得名。由此可见,在炎热的仲夏,一些喜阴的生物开始出现,而阳性的生物开始衰退。

夏至到冬至,阴始生,阳始衰;冬至到夏至,阳始生,阴始衰。

夏至日,北半球各地的白昼时长达到全年最长。对于北回归线及其以北的地区来说,夏至是一年中正午太阳高度最大的一天。

　　夏至,海口市日长约 13 小时,杭州市日长约 14 小时,北京市日长约 15 小时,漠河市日长可在 17 小时及以上。夏至过后,太阳直射点开始从北回归线向南移动,北半球各地的白昼开始逐渐变短。对于中国位于北回归线以北的地区来说,正午太阳的高度开始逐日降低;对于中国位于北回归线以南的地区来说,正午太阳高度随太阳直射点向南移动,被太阳再次直射后正午太阳高度才逐日变小。

二十四节气

小暑

倏忽温风至，因循小暑来。
竹喧先觉雨，山暗已闻雷。
户牖深青霭，阶庭长绿苔。
鹰鹯新习学，蟋蟀莫相催。

　　小暑是二十四节气中的第十一个节气,干支历午月的结束、未月的起始。斗指丁,太阳到达黄经 105°,于每年 7 月 7 日或 8 日交节。暑,是炎热的意思,小暑为小热。小暑虽不是一年中最炎热的时节,但紧接着就是一年中最热的大暑节气,所以民间有"小暑大暑,上蒸下煮"之说。

　　小暑开始进入伏天。所谓"热在三伏",三伏天通常出现在小暑与处暑之间,是一年中气温最高且非常潮湿和闷热的时段。季风气候是中国气候的主要特点,夏季受来自海洋暖湿气流的影响,中国多地高温、潮湿、多雨。因雨水和热量同时足量,使得小暑时节成为农作物生长的旺盛期。

　　《月令七十二候集解》曰:"暑,热也。就热之中,分为大小,月初为小,月中为大,今则热气犹小也。"我国古代将小暑分为三候,一候温风至,二候蟋蟀居壁,三候鹰始击。

　　一候温风至。小暑之日"温风至",这里的"温风"是热风。王粲的《大暑赋》中有"熹润土之溽暑,扇温风而至兴"之句,熹是炙、烤,人如在天地间一个大蒸笼中,蒸出全身污垢;再如舒展在温水之中,此时温风徐来,也可兴在其中——一切均源于自己的心情。

二候蟋蟀居壁。《诗经·七月》中描述蟋蟀:"七月在野,八月在宇,九月在户,十月蟋蟀入我床上。"其中所说的八月即农历的六月,即小暑节气时。由于炎热,蟋蟀离开了田野,到庭院的墙角下以避暑热,直到农历七月后才出穴,并活跃于草丛间求偶;到八月天凉时,蟋蟀会聚到院中,令小院鸣声鼎沸,天越凉离人越近;待九月如不入户就要冻死;十月就在床下鸣了。蟋蟀又名"促织",意思是蟋蟀叫了,秋天来了,天会渐渐转凉,督促女子该纺织了,"促织鸣,懒妇惊",是为警示。

三候鹰始击。鹰始击是指小暑节气时,老鹰会因地面气温太高到清凉的高空中活动。

民间有"冬不坐石,夏不坐木"的说法。暑过后,气温高、湿度大,久置露天里的木料,如椅凳等,经过露打雨淋,含水分较多,表面看是干的,可是经太阳一晒,温度升高,便会向外散发潮气。如果人在上面坐久了,就会诱发痔疮、风湿和关节炎等疾病。

天气越来越闷热和潮湿,灼热铺天盖地,让人无处藏身。时至小暑,大地很少有一丝凉风,风中还会带着热浪。此时,我国南方地区已是盛夏,部分地区也进入雷暴最多的时节,常伴随着大风和暴雨。从小暑开始,人们都要做好迎接酷暑的准备。

小暑时节,民间有晒书画和晒衣服的习俗。民谚有云:"六月六，人晒衣裳龙晒袍""六月六，家家晒红绿"。"红绿"就是指五颜六色的衣服。这期间，太阳辐射较强，日照时间较长，气温较高，所以家家户户不约而同选择这几天"晒伏"。人们会把存放在箱柜里的衣服晾到外面接受阳光的暴晒，以去潮、去湿、防霉防蛀。还有久研的中医，也会吆喝姐妹们一起到阳光下晒背，以补充阳气，改善体质。

小暑的到来，意味着夏季高温天气即将开始。为了应对即将到来的炎热气候，同时表示对最早一轮谷物收获的感恩，中国在几千年间逐渐形成"食新""祭祀五谷大神"等习俗。

在过去，中国南方地区民间有小暑"食新"的习俗，即在小暑过后尝新米。农民将新割的稻谷碾成米，做好饭，供祀五谷大神和祖先，然后人人尝食新饭和新酒等。据说，"吃新"乃"吃辛"，是小暑节后第一个辛日。在城市里，人们一般要买少量新米与老米同煮，加上新上市的蔬菜等同食。

在北方地区有头伏吃饺子的传统，伏日人们食欲不佳，往往比常日消瘦，俗谓苦夏，而饺子在传统习俗里正是开胃解馋的食物。饺子的外形像元宝，有"元宝藏福"的意思，吃饺子象征着福气满满。

小暑时节，天气炎热，人体出汗多，消耗大，一定要注意降热防暑，补充体力。民间在这个时节喜吃三宝——黄鳝、蜜汁藕和绿豆芽。

藕具有清热、养血、除烦等功效，适合夏天食用。鲜藕以小火煨烂，切片后加适量蜂蜜，可随意食用，有安神入睡之功效，可治血虚失眠。

俗语云，"小暑黄鳝赛人参"。黄鳝生于水岸泥窟之中，以小暑前后一个月的夏鳝鱼最为滋补味美。夏季往往是慢性支气管炎、支气管哮喘、风湿性关节炎等疾病的缓解期，而黄鳝性温味甘，具有补中益气、补肝脾、除风湿、强筋骨等功效。

吃绿豆芽。绿豆有清热降火的功效，发芽后维生素 C 的含量会大大提高。在夏天，多吃绿豆芽可以起到保护皮肤的作用。

民谚有"头伏饺子，二伏面，三伏烙饼摊鸡蛋"之说。

伏面。伏日吃面的习俗在三国时期就已开始了。《魏氏春秋》："伏日食汤饼，取巾拭汗，面色皎然。"这里的汤饼就是指热汤面。伏天还可吃过水面、炒面。

喝羊汤，吃羊肉。在民间有"伏天一碗羊肉汤，不用神医开药方"之说。北方人会在小暑、大暑期间喝羊汤，一可以滋补身体，二因"羊"与"阳"谐音，古人认为夏季阳气丧失较多，喝羊汤、吃羊肉能够增加阳气。

徐州人入伏吃羊肉，称为"吃伏羊"。徐州人对吃伏羊的喜爱可以通过当地民谣"六月六接姑娘，新麦饼羊肉汤"来体现。

万物皆有律，万律皆出简，简至成大道，大道终归真。

二十四节气

大暑

大暑三秋近，林钟九夏移。
桂轮开子夜，萤火照空时。
苽果邀儒客，菰蒲长墨池。
绛纱浑卷上，经史待风吹。

　　中国传统美学的核心理念之一是"天人合一"的和谐、和合。万物负阴而抱阳,反映出阴阳平衡在自然界和人类社会中的重要性。它贯穿于我国古代科学、哲学和艺术的发展史中,始终把握着对应性、和谐性和辩证性,彰显出中国美学的智慧。

　　比如二十四节气的轮替,比如阴盛阳衰、阳盛阴衰的转换,比如春分和秋分的平衡和对应,比如大寒小寒与大暑小暑的对立辩证统一,将自然界的运行规律进行概括,也将万物生长的特性呈现出来。

　　7月22日或23日,斗指未,太阳到达黄经120°,大暑节气如期而至。

　　大暑是一年中最热的节气,"湿热交蒸"在此时到达顶点。全国进入高温酷暑阶段,重庆是全国较热的地区之一,被喻为"火炉"之城。2022年7月,重庆惊现持续高温42℃,地表温度一度高达53℃。一候腐草为萤、二候土润溽暑、三候大雨时行的节气特点硬是没有在该来的时候到来。8月7日,继续将火热的节气之棒交给秋老虎(立秋)。

重庆市坐落于四川盆地的东部边缘,在众多走向一致、相互平行的山脉之间,这种地形叫川东平行岭谷。平行岭谷,顾名思义,就是凸起的山脉与丘陵谷地相间且有序排列,构成岭与谷相互平行的地貌类型组合形态。

重庆主城位于从四川境内华蓥山分出的云雾山、缙云山、中梁山、龙王洞山帚状平行岭以及铜锣山、南温泉山、明月山等其他平行山岭间的向斜谷地。

平行岭谷的地理环境特点对气候的影响非常大。从太平洋吹来的东南季风和从印度洋吹来的西南季风受到盆地四周高大山体和华蓥山、明月山等平行山岭的重重阻挡,很难越过这些天然屏障给盆地内部的重庆送来清凉。即使有机会突破重围,当它们从四面高大的山体向下沉入盆地时,不断吸收周围热量,导致水汽蒸发而温度上升,形成干热的风,加剧了重庆天气的炎热程度。

通常情况下,海拔越低大气层越厚,海拔越高空气越稀薄。重庆主城所在的平行谷地地势低,空气密度较大,夜晚厚厚的云层阻挡了地面热量向空中辐射冷却,再加上谷地空气流通不畅,多静风天气,使得地面难以散热。

5月踏访山城重庆,乘着百人游轮穿过滔滔的嘉陵江,在两江汇合处折返,向浩浩荡荡的长江的来路望去,感叹重庆一方水土养一方人的独特魅力,感慨水利万物而不争的博大、柔软和慈悲。而今大暑刚过,嘉陵江裸露出大片河床,洪崖洞的群灯闪耀,却多少有些落寞。缙云山延绵的山脊没有了往日的青葱,干涸而死的黄叶与枯树使山坡混杂着黄色与棕色。

8月18日,积聚了大暑期间所有热量的重庆缙云山愤怒了,燃起了山火。

缙云山,是北碚的灯塔和地标,老城的北碚人一开窗,就能望见山上的缙云塔,那是李商隐"巴山夜雨涨秋池"中的"巴山"所指,是重庆中心城区的生态屏障、重庆的肺叶。山城四面皆山,缙云山如母亲般的存在。山中植被丰富,珍稀濒危植物繁多,有"植物物种基因库"的美誉,是国家级自然保护区。

如果说重庆是一座火炉,那么2022年大暑期间,北碚就是火炉的中心。在延续数天的川渝高温中,北碚不断创下纪录,刷新当地历史极值。

8月21日,山火再次爆发,大火灭而复燃,多点散发,愈烧愈烈。缙云山南部的支脉虎头山突发山火,大火伴随着高温一路向北,最大的一个火点燃向缙云山主峰。

前来支援的川渝儿女将路口堵得水泄不通,重庆话的呼喊声、摩托车的轰鸣声此起彼伏,俨然一场大型"战事"的备战状态。老人和妇女们在山壁枯死的爬山虎前搭帐篷,市民们捐赠的矿泉水和功能饮料在帐篷外堆出几座一人高的小山,还有待拆的数箱藿香正气口服液、防尘面具和干粉灭火器,地上散落着送来的充电宝。直径约一米的十几个蓝色水桶一字排开,桶里注满了冰块和水,冰镇着各类功能饮料、毛巾和西瓜。

这里人头攒动,仿佛所有市民都汇集在一起,随时准备上山。一位骑摩托车的志愿者说:"家园被烧了,我必须来保卫。"负责指挥调度的干部戴着草编遮阳帽,用嘶哑的嗓音吼着:"上面不缺人手了!光在我这里就放进去5辆牧马人和30辆摩托车!"

8月23日,大火燃烧的第二天,人们在缙云山上开拓隔离带。隔离带挖筑点选在朝阳中学后方一个叫"挖断坟"的山脊。这里距缙云山保护区直线距离仅1公里,可谓是保卫缙云山的最后防线。如果把整个缙云山脉视作一条龙脉,在此挖隔离带,就好比在龙的颈部划两刀,以保住龙头。在迅疾蔓延的山火面前,抢挖隔离带成了一项紧急而浩大的工程。为了抢时间,最后决定从缙云山顶、北碚山下(山的东侧)、璧山界内(山的西侧)3个点位同步开挖,直至合龙。

在朝阳中学志愿者点,从山下到"挖断坟"的山顶,一共有5个志愿者点,按照海拔从低到高定为1~5号。由于地形陡峭,越野摩托车最多只能将物资和人手送至3号点,越往上,山势就越陡,摩托车也走不了。一位骑手说,他们在这里使劲拧油门,直到离合片摩擦出一股煳味,车还是上不去。大量物资运不上去,只能靠志愿者用人力将物资背到5号点,再从5号点将物资以接力的方式运送到山顶。

这是一场现代版的愚公移山——从5号点到山顶,直线距离约1公里。志愿者们排成长龙,站在裸露的山石和悬崖上,将物资一点一点往上托,物资源源不断地从夜色的另一头传递过来。不知疲倦的志愿者们一箱箱、一桶桶地背来冰块、矿泉水、饮料、西瓜、头灯、手套和新油锯……那幅场景不禁让人想起拿着一根竹竿涌进山城，帮助市民肩挑背扛、顽强坚韧的"山城棒棒军"。他们在"舍身崖"附近，用实际行动诠释"舍身"的含义。在现场，志愿者们累了就轮流休息，休息一会儿再接着干，电锯声通宵不停。大家互相打气，齐声喊着加油。

8月25日，重庆市北碚区气温高达45℃，火势迅猛。数千名重庆志愿者和一线的消防救援官兵在强高温下用时3天挖出隔离带。隔离带上的地势起伏陡峭，坡度普遍超过60°，越野摩托车很难冲上去，需要人一步一步爬上去。每攀登一层都要付出巨大的体力，坡上多是浮尘，要么尘土飞扬，要么遍地泥泞。川渝儿女并未被灾难的无情和自然的恶劣吓倒，而是组成一道长约1公里的人体长城，与隔离带对面的肆虐火线对垒抗争。他们所戴的头灯在夜幕中闪烁耀动，夜空之下，似一道星光银河。

与山火的肉搏中，重庆的摩托车大军代表川渝儿女收获了全民赞誉。中华大地为川渝儿女奋不顾身的战斗精神感动着和激励着。他们奋不顾身地穿梭在山间林道，高效快捷地避免了消防车和物资运输车进驻的堵塞。现场物资大多由摩托车队运送。

8月25日下午，缙云山在北碚区的3个主要火点终于扑灭了2个。唯一剩下的那个火点，位于城门洞偏东北的山坡。那里一直冒着灰白夹杂的浓烟，白色是燃烧植被产生的水汽。走近细看，能看到浓烟深处星星点点的火光。

大暑

17点左右,一阵风吹来,这里的火势突然变大。在最近的观测点可以看到,浓烟随着风力到来而加大,干裂的竹子燃烧后发出噼里啪啦声,响声很大也很频繁,像是一阵阵鞭炮。天上的两架直升机加快了往返节奏,像飞蛾扑火一般,在轰鸣声中一次次将水洒向浓烟的边缘。一架直升机能在5秒钟内洒下3吨水,但在整个山坡的大火面前仍显得杯水车薪。大火往东北方向延伸,距隔离带和缙云山主峰越来越近。

18点,当城门洞的火扑过来时,消防队员和志愿者们已在隔离带上守候着,做好大战的准备。火线自上往下长达1公里,前线官兵和志愿者们组成一道超过1公里的人体防线。云南森林消防队的50多名消防队员在前,武警和群众志愿者在后,不同队伍负责不同区域,每5米就有一个人。5个蓄水池里蓄满了水,等待着大火攻来。

19点左右,大火逐渐烧向隔离带,浓烟在夜色下露出真容,变成通红的火光,点亮天边。数千名官兵和重庆市民聚集到山下,朝阳中学入山口的车道被潮水般涌来的摩托车、志愿者们堵满,像是要进行一场竞速比赛。人们关心山上的火势走向,也随时待命,等待号令。每有专业队伍跑步进驻,现场总会响起一阵欢呼与掌声,人群中响起那句耳熟能详的口号:"重庆,雄起!"

一场正面决战似乎一触即发。但此时,风向开始发生变化——在北碚这个山间平地,风向自傍晚开始,从之前的北风突然转变为南风,从隔离带处往西南方向吹去。风向逆转,对现场来说是一大利好。

联合指挥部综合火势、地形、风向等因素,做出"以火攻火"的决定。所谓"以火攻火",就是借助有利的反向风力,在隔离带前等大火攻来时无物可烧,自然而然就断掉了。

22点之后,火势减弱,一度汹涌的火光逐步黯淡下来,最后在城门洞一侧慢慢熄灭。

"胜利了!"一位消防指挥官拿着喇叭大声宣布。听到这个消息,在60°隔离带大坡上的消防员、志愿者长舒一口气。他们摇晃着手里的手电筒欢呼呐喊,现场灯光舞动,仿佛变成一个野外蹦迪现场。重庆人这些天在高温和山火下的艰辛与压力,在这一刻回馈他们的是胜利的喜悦。

截至8月26日8时30分,重庆森林火灾的各处明火已全部扑灭,全面转入清理看守阶段,无人员伤亡和重要设施损失。累计投入各级各类救援力量1.4万余人、森林灭火主战装备3100余台(套)。10架直升机参与重庆森林火灾扑救,及时转移群众680余户1800余人。

隔离带上,到处是人与山火战斗的遗痕。一堆绿色灭火器散落在道路中间,5号志愿者点位上,纸箱遍地,垃圾的腐臭味混杂着焦炭味。隔离带的西侧有被烧过的丛林,一片炭黑;在东侧,被油锯和镰刀砍伐过的树木东倒西歪,横在崖边。一些消防队员和武警官兵在崖边巡视,防止复燃。一队接一队的志愿者们仍然像勤劳的蚂蚁一样,在"之"字形的山路上慢慢爬动,将防止复燃的必备物资往上传递:依然是以冰、水和灭火器三大件为主——越接近山上,水泵压力越不足,志愿者们每隔一段距离就放个水袋,把水抽上来。还有不少志愿者小心翼翼地侧着身子,穿过陡峭的山脊,将大袋垃圾背下山。

外人很难不被重庆人的这些行为所触动。这是一场物资和人手异常充裕的"战争",社会各界齐心捐赠的物资被摩托车手和志愿者们以接力的方式运送到山火前线。北碚区几乎所有的壮年劳动力都参与其中,还有从其他区县赶来支援的男女老少,北碚区政府事后将之誉为"构筑起一条直达火情主战场的稳定补给线"。每一位志愿者上山时,都会被编队列号、分组建群、任命组长,然后指挥员拿着喇叭大声叮嘱安全事项:累了就休息,不舒服一定要说;高温酷热,先要喝点藿香正气口服液;山上树多,先脱下短裤,换上迷彩裤和解放鞋,套上手套和袜子……新开的山路扬沙飞尘,山下的人们赶紧送来护目镜;到了晚上,每个人都能领到一顶头灯和一件荧光服。大火攻来那一晚,有部分志愿者被灼伤,很快就有医护志愿者出现。在城门洞,一位武警官兵对大家说,他从来没想过在那么陡的山坡上灭火,居然还能吃到冰西瓜。

大火扑灭后,重庆人对缙云山这条隔离带未来如何使用纷纷谏言。最多的建议是将它建成"路加带",以前林区无路,这次紧急挖筑隔离带,让很多地方实现了贯通,很多人建议把隔离带变成未来通行的道路,在两边建立生物隔离带,种植一些不易燃烧的植物,以备未来之需;有的人建议"临变永",将目前完全裸露的隔离带重新绿化,再种植一些不易燃的植被,形成一个天然防火屏障,旁边修一些蓄水池;还有的人建议将此处建设成摩托车赛道、教育基地或警示基地,以纪念此次扑救山火中摩托车骑手们无畏的战斗精神。

可以想象,这条隔离带在未来一段时间仍将存在,作为未来缙云山森林防火的一道屏障,保卫重庆人的后花园。它是缙云山青葱皮肤上被撕开的一道疤痕,却在新时代再次彰显其不怕苦不怕累、顽强拼搏的精神,是属于所有川渝儿女的一枚勋章。

时记,大暑有三伏天饮凉茶(伏茶)的习俗。伏茶,顾名思义,三伏天饮的茶。这种中草药煮成的茶水有清凉祛暑的作用。此外,还有烧伏香、晒伏姜、吃羊肉汤等习俗。

大暑节气正值"三伏天"里的"中伏"前后,是一年中最热的时候。此时,气温最高,农作物生长最快,很多地区的旱、涝、风灾等各种气象灾害频繁。

2022 年的大暑节气缔造了不平凡的重庆记忆,川渝儿女再次激励了无数中华儿女,在自然界巨大的灾难面前同根同魂,同心同德。

燃烧需达燃点,山火的燃点积聚了多少热量,恰如所有山间的木林成材,是多少个风霜雨雪日夜生长的结果,毁灭它仅仅只需一场火的肆虐。

火,炎而上,象形。火者,阳之精也。小者曰火,大者曰灾。重庆之火,谓精阳锐气之泄也。

火,中医六淫之一,是燥热之气。人体五行之气的运行,常有燥热之相,盛夏炎热之时多有,如有牙疼、头疼、嘴生疮泡等症,医生大多会说这是上火了,需降火,于是开了黄连、大黄、金银花之类。

火，还有热烈、兴旺之意，气势旺盛，气氛热烈，谓之如火如荼。在口语中，常有"火了"一词。此有双重之意，一是形容事物兴旺程度受到人们的追捧，二是确切形容个人因为某事促发愤怒、暴怒的情绪和表现。

火，毁也。凡事需有度，不由得想到了大暑，燃点真就过了头，过了度，着实引火烧身了。

火，有兴旺之意，于是有人造势，有人借势，有人在这一过程中现出偏势，甚至功亏一篑，毁于一旦。火，有毁灭之意，火过抑或过火，如此便有人失势。失势有时，方寸之间应深浅有度，张弛有度，势为气运畅通，然源远流长。

水火不容，指的是势不两立的对立矛盾。火可以烤干水，水可以浇灭火。如人处事，徒有壮志，不能未雨绸缪，也只是一桩虚空；或许某事本有坚实的基础，却因力不逢时，热情过火，结果适得其反；再比如，小有成绩就飘飘欲仙者，实需一瓢冷水灭灭虚火，平稳过渡，继续力持中道，而后或一举夺魁，而成大业。

任何事物的产生、演变和发展都会在不同时期遇到当下顶峰一样的瓶颈、试炼，进程中常常会有各种关联事物的矛盾产生，挺过来，收获就丰盛。可见为人处世，需缜密慎独，以敬百事，水火交融，天人合一，以成大业。

二十四节气

立秋

不期朱夏尽，凉吹暗迎秋。

天汉成桥鹊，星娥会玉楼。

寒声喧耳外，白露滴林头。

一叶惊心绪，如何得不愁？

收获是人类永恒的期待，毕生所求，不过尔尔。

春种一粒粟，秋收万颗子。这是以数量上的悬殊强调时序上的前置。这会警醒世人只有春天播种，秋天才会有收成，同时也鼓舞人们一定不要错过春耕时节，有道是：一年之计在于春。珍爱生命先于珍重春天，切莫少壮不努力，老大徒伤悲。

春华秋实。春发其华，秋收其实。只有春天辛勤耕耘，秋天才会有丰盈的收获。人生如四季，年年如此。一年三百六十五日，细数起来常常觉得日子还长，有些日子的确过得浑浑噩噩，所以芒种以赶忙播种的警示提醒不要错过季节，不要错过今天、虚度明日，明日复明日，明日何其多。逝去的每一个今日都绝无仅有。

种瓜得瓜，种豆得豆。这反映出事物发展具有必然的因果联系。如果春天没有耕耘，秋天便无收获。如果想得瓜，就要种瓜；如果想得豆，就要种豆。与人为善，自有善果；以恶相向，终得恶报。结果大相径庭，因一颗初心善治的不同所致。初心为要,坚守善治更为要。

以蚓投鱼,出自《隋书·薛道衡传》:"傅縡所谓以蚓投鱼耳。"亡羊得牛,出自《淮南子·说山训》:"亡羊而得牛,则莫不利失也。"两个成语都是形容在目标达成过程中以较小的代价换得较大的收获的情形,只是出自不同典故自然引申出不同的深意。前者说的是方法论的智取,但也需要人们自我警醒,凡事切莫一味地投机取巧;后者所讲的是恰当的方法导致不确定的结果,引导人们凡事要向长远看,不要因为一时的失利而否定整件事情,要保持良好的心态,塞翁失马,焉知非福。

俯拾仰取,出自司马迁的《史记·货殖列传》:"然家自父兄子孙约,俛(俯)有拾,仰有取。"曾国藩留下的十六字家训"家俭则兴,人勤则健;能勤能俭,永不贫贱"流传至今,为人们所称赞并借鉴,产生深远的影响。他也被誉为"立德立功立言三不朽,为师为将为相一完人"。

曾国藩在《欧阳氏姑妇节孝家传》中写道:"土无寸旷,人无晷暇;俯拾仰取,宾祭有经。"强调没有一寸土地是荒废的,没有一寸时光是闲暇的,抬起头取,俯下身拾,勤俭持家,累累硕果,大凡小事,井井有条。

常记得儿时最开心的莫过于跟着奶奶去秋天的麦地里拾麦穗。折断的麦穗头不远不近地搭在麦茬上,躺在地垄间。奶奶和我们将一个一个的麦穗头拾起来放在布袋里,黄昏时分总能兜起半袋子。我们背回去倒在檐下打扫干净的空地上晒两个晌午,再放到碾子上碾脱了穗皮,把红红的新麦簸出来装进蛇皮口袋。一个秋天,我们在自家的田地里总能装起整整五六斗麦子。孩子们看着自己的劳动成果真有点不相信,这满满的几斗粮食竟是自己亲手捡的,抿着嘴憨憨地笑着。奶奶对孩子们付出的辛苦心中是有数的,逢年过节来个货郎或者有贩卖瓜果的,奶奶总会把我们喊过去,从粮房里端一盆麦子出去,换回好多好吃的瓜果。

来年,奶奶再吆喝我们拾麦穗,谁会不起劲呢。

如今想来,挺起胸膛、仰起头颅,抒发大志固然高贵,然而俯下身拾取微小的颗粒,实谓"九层之台,起于累土;千里之行,始于足下"。一点儿小事的深意,莫过于此吧。

瓜熟蒂落。瓜熟了,瓜蒂自然会脱落,比喻条件成熟了,事情自然会成功。如果能够在适合的节气播种,缺水时浇水,缺肥时施肥,有阳光雨露的滋养,自会如人所愿。

水到渠成。水流到的地方,自然成渠,比喻条件成熟,事情自然成功。它告诉人们,做任何事总要有个过程,必须顺应规律,切莫拔苗助长,唯有如此,才有成功的可能。老人们常说,做事要沉住气就是这个道理。无论是自然界的结果还是人为的成果,都要在顺其自然中保持良好的态势,结善果、成善举。

秋天是收获的季节。立秋是秋天开始的节气,也是阳盛逐渐转变为阴盛的转折点。斗指坤,太阳到达黄经 $135°$,于每年 8 月 7 日或 8 日交节。

"立",是开始之意;"秋",意为庄稼成熟或成熟时节。整个自然界的变化是循序渐进的过程,自然界的万物开始从繁茂生长趋向成熟。《月令七十二候集解》曰："立秋,七月节。立字解见春。秋,揫也。物于此而揫敛也。"立秋一般预示着炎热的夏天即将过去,秋天即将来临。立秋以后,下一次雨,凉快一次,因而有"一场秋雨一场寒"的说法。古语云:"朝立秋,冷飕飕;夜立秋,热到头。"早在周代,立秋之日,天子亲率诸臣到西郊迎秋,举行祭祀仪式。据记载,宋时立秋这天宫内要把栽在盆里的梧桐移入殿内,等到"立秋"时辰一到,太史官便高声奏报:"秋来了!"奏毕,梧桐应声落下一两片叶子,以寓报秋之意。

立秋三候:一候凉风至。立秋后,我国许多地区开始刮偏北风,给人们带来丝丝凉意。二候白露降。由于白天日照很强烈,夜晚的凉风刮来,形成一定的昼夜温差,空气中的水汽在清晨室外植物上凝结成一颗颗晶莹的露珠。三候寒蝉鸣。此时的蝉,食物充足,在微风吹动的树枝上得意地叫着,像是告诉人们炎热难耐的夏天过去了。

有位诗人这样写道:

我一直以为是弄错了,秋天

一定是放平的,怎么能立起来

一片一片庄稼静卧大地,等待

上场、晾晒、碾压、去杂、归仓

…………

的确,从诗人质朴的表述中,我感受到在成熟的时节,大地将河谷深处冒出的热气、雨水期间天高志远的云霓、惊蛰时的萌动和破土、小满时含苞的幸福、芒种时追逐的赶赴等,都积聚成秋天成熟的果实带到人间。毫无保留、倾心奉献的立秋节气是坦然的、踏实的,也是欣慰的、舒展的。

丰收时节,豌豆和麦子粒粒喜人。即便是灾年,总会有些收成。蝗灾有蝗灾的成因,冰雹有冰雹的缘由。如果晚种的荞麦遇到霜冻,那又如何呢? 所以立秋之后,再不去追究一场风雨的心事,一举清愁解,世事从头越。

秋天是放平的,事平心平气平。最平静的是打谷场。它是秋天的代言人,从不计较多少,裸露出全部的坦然,绝不负芒种的追逐和候补,将全部的真诚交付人类,兑现立春那日的誓言,君子一言,驷马难追。

如果细想每一个成熟果实的来路,那么春天植入泥土,无论所在的土壤环境如何,都会潜下心来生根、发芽、破土、生长。它既接受阳光雨露的滋润,又不拒绝抵御风雨冰雹,终得一粒成群、一季享成。它原原本本献给人类和大地,那先前植入泥土的初心和希望就成了一个完整的事实,真正立起来了。

哦,立秋,万物有成之意。孩子,踏实潜心长大吧,为了人生的立秋之时。

立秋

二十四节气

处暑

向来鹰祭鸟，渐觉白藏深。
叶下空惊吹，天高不见心。
气收禾黍熟，风静草虫吟。
缓酌樽中酒，容调膝上琴。

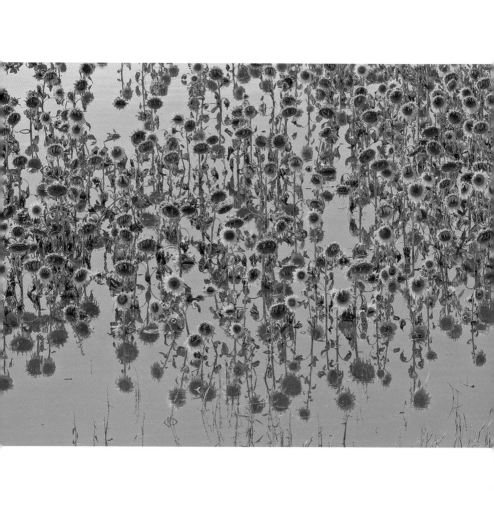

处暑，七月中。斗指申，太阳到达黄经 150°，于每年 8 月 23 日或 24 日交节。处暑当天，太阳直射点已经由夏至的北纬 23° 26′，向南移动到北纬 11°28′。此时，如果夜晚观北斗七星，就会发现弯弯的斗柄还是指向西南方向。处暑的到来意味着进入干支历申月的下半月。

　　一进处暑，就是母亲常说的中元节。据说中元节时美丽的松花江两岸、秦淮河两岸、白洋淀上、万泉河边的人们都不约而同会举办仪式，大人们和颜悦色，孩子们喜笑颜开，平日里父亲揪着不放的调皮失误，这会儿视而不见了，一团喜气地筹备仪式。人们纳财的纳财，出力的出力，原先面不过话、瞧着绕道的张家和李家，几个月前因为几只鸡结下的疙瘩也在求福的过程中消解了，从屋里端出来的祭品从张家婆姨的手上顺利交在李家阿妈的手里，一直传到祭台。眉眼里显出和气的阿婆瞧着会心一笑，又到那边忙去了。大人们忙着祭祀，孩子们知道父母亲没空搭理他们，便得了丈宽的面儿，蹦蹦跶跶嬉戏耍闹好不开心。

那些一年里积攒的苦楚、蹚过的辛酸、登科的期许、丰收的寄语，那些对逝者的追思、未尽的孝心、未了的心愿，那些前世冥冥之中的注定、今生顾盼的牵念，那些来世遥远的托付……都想在张罗仪式、闭目合指那一刻与神灵对话，祈愿在宇宙的某个间隙得到回应……

我一度想在中元节放盏河灯，可是故乡的地面上从未有过一条河。于是，我便常在处暑秋意渐浓时对着悠悠的白云向北张望，怀想额尔古纳河静静的河床上究竟飘过几盏河灯，承载了多少美好的心愿。或者我长大后，可以预约几个伙伴，踏着秦直道，越过阴山南下，用双手托起最美的河灯放在黄河的几字弯上，任其漂流，哪怕只为一个孤魂不再冤怨。

立秋之后，金风素飒，树木渐渐妖娆起来。处暑时节，就连天上的云彩也显得疏散而自如，大朵大朵的白云悠然地悬在湛蓝的天空中，现出一副随手可摘的羡人样子。倘若有一个下午的时间可以对着错落有致的、洁白的云朵发呆，关于猫抓老鼠、骏马奔腾及深情相拥的恋人等妙趣横生的故事都可以通过几朵云演绎出来，惹得秋景更加别致生动了。

象山、东海、南海的渔民是没有看云的闲趣的，处暑以后是他们渔业收获的时节。每年处暑期间，那里都要举行一年一度的隆重的开渔节。开渔节时，原本帆樯林立、千舸锚泊的静态海面，瞬间成为汽笛长鸣、百舸齐发的活跃场景。码头烟花怒放，爆竹齐鸣，鼓乐喧天，人头攒动，一派壮观景象。开渔节的主要内容有千家万户挂渔灯、千舟竞发仪式、文艺晚会、特色产品展销、地方民间文艺演出等。

1999 年 9 月 14 日,中国宁波石浦开渔节,浙江省象山县县长率祭典者,并承全县 50 多万人民及县外人士之意,敬献礼品,合奏民乐,祭颂大海于宋皇城沙滩之滨。

开渔节祭海典礼祭海文:

混沌初开,大海漫漫。外际于天,内包乎地。天风浩荡,洪波涌起。吞吐日月,含孕星汉。蕴无量之宝藏,涵不尽之资源。利舟楫而通五洲,奉鳞甲以济兆民。赖海恩泽,富民兴邦。炎黄子孙,繁衍昌盛。泱泱中华,景曜东方,幸甚至哉。

浙东象山,缘海而邑。地浮瀛海,纵横百里。海域广袤,得天独厚,远古六千年,塔山入耕海牧渔。历秦汉南朝,传徐福弘景居蓬莱千百年来,先民勤朴,后昆淳良,张银网罟海错,奋铁臂以创锦绣。佑平安妈祖鱼师传显徽,靖海氛谭使戚军逞神威。世世代代,伴海而生,视海为母,敬海为神,发奋图强,庶几海邑建乐园。

人与自然,戚戚攸关。陆与海洋,脉脉依偎。21 世纪是海洋世纪,开发海洋,前景广阔。然大海广舍无度,必危及人类自己。纳百川可不竭,节细源使永远。故自前岁,施行休渔开渔。政府立法,渔区尊奉,以保长渔久业。今开渔庆典又届,海内宾客偕至,万民空巷云集。船队列列,龙旗猎猎,征鼓阵阵,待等令下,千轮竞发,驰骋海疆,猗欤伟哉!

方今世纪之交，建国五秩，海寰河清，国运昌隆。千余平方公里境域，龙腾虎跃。荔湾象港松兰皇城，舒怀开放。兴渔农以奔幸福康庄，振实业而列全国百强。二次创业，目标新元。万众一心，同赴征程。诚以阅师之际，祈告沧海，愿旗开得胜，丰产安康。襄我邑民，再创辉煌，尚飨。

处，止也。暑气至此而止矣。

谁还记得立冬之后开始冬眠的蛇，惊蛰时一身冷艳的蛰出，高冷如它简约的体型，毫无棱角却能迂回百折，全身光滑折射出凛凛的白光，冷酷到无懈可击、无迹可寻，让人不寒而栗。南方的小麦和玉米在惊蛰之后，一路更新，抽穗，灌浆，丰谷，直到在处暑露出锋芒、绽开锋芒，成熟内敛，低头弯腰，群丰并立。稷、稻、粱等农作物在处暑时节，丰登大地，遍地镰开，让人喜笑颜开。

处暑三候，一候鹰乃祭鸟，二候天地始肃秋者，三候禾乃登。

天地始肃秋者，阴之始，故曰天地始肃。

父亲的担忧还是有的。我还在睡眼惺忪中，就听到父亲口中默念："今儿处暑了哇。"父亲语气明显重了，让我打小就对处暑的来头起了疑心，却也不敢问个究竟。只见父亲拿起外套推门而去，去看西壕口的荞麦是否落了霜冻。

有时低洼处会有霜冻借势将一层荞麦的绿叶抽掉汁液，从腰间硬折下身子，原本绿绿的叶子一夜之间软绵绵地披落下来，地势的劣处尽显出来，精气肃杀。一夜间，零落出早夭的败相，让人心疼。最疼的还是父亲。

　　我的心跟着父亲因处暑荞麦霜冻早夭的疼从小揪到现在，每到处暑,总是记起父亲盘算着处暑来时的情景。

二十四节气

白露

露沾疏草白，天气转青高。
叶下和秋吹，惊看两鬓毛。
养羞因野鸟，为客讶蓬蒿。
火急收田种，晨昏莫告劳。

露从今夜白，月是故乡明。

夏热在处暑终，处暑于昨夜止。白露，斗指庚，太阳到达黄经 165°，于 9 月 7 日或 8 日交节。

止若将自己浅置在门前的旧石上。入了白露，黑夜的余温散尽，白天的秋虎热隐形顿失，寒气四散，将人重重地围起来。止若抽紧的肩上的宽衣告诉自己，仲秋来了。

八月望日，秋夕渐至。

止若从中元节的广寒宫举目而来。她见过桂树和玉兔，阅过吴刚，甚至和那美丽的嫦娥对目，互诉衷肠之后再次看顾人间的自己。她在那逝去的时光里追忆，在那正在迈出的足迹里警醒，在那不期不许的来日里预见，寻觅俗道、世道和心道的皈依。

蒹葭苍苍，白露为霜。所谓伊人，在水一方。

所谓伊人，是那久怀心念的正礼，是那久仰隐居的贤士，是那久慕倾城的佳人。那寻觅追逐的路啊，几经逆流而上，几经顺流而下，又几经弯曲的水道和直流的水道寻找。那伊人时而宛在水中央，周遭波光，无以为近；时而在下游，在水边草地，飘忽不定，来去渺茫，正所谓"东游江北岸，夕宿潇湘沚"。

而罢。

霜冷长河，白露莹然，静默如诗，念君如常。

这俗道，且沾梨花如带杏，或居闹市混沌一生，或独处清角静默沉思，大路迢迢；这世道，熙熙攘攘，浩渺如烟，伊人似是而非，终情难觅；这心道，一任世事如常，淡然如菊，简素如兰，天地如斯，循乎自然。

入秋以来，翠绿的芭蕉叶好似突然露出残边，泛黄的边上脱落成锯齿的模样，而街口的桂树倒是心满意足地笑了好一阵，桂花一撮一撮地落到地上，任风吹，散着那一世繁华，竟不知情归何处。每遇秋天时分，止若总会深思：这桂花是入了客家的酒窖，还是上了闺秀的妆台，还是在婆婆经年的老手上成了香酥入口的桂花饼。静默了一季的瓜果在枝头招摇，在全体身着红袍热闹过几日后，终是弃蒂而走，叶落相随，一色萧然了。

那是"碧云天，黄叶地，秋色连波，波上寒烟翠"。

天地轮转，四季更替，阴阳互换。因为一个人，深恋一座城；因为一座城，万千佳念生。止若不想知道这城中万千之人的万千明艳，以及那丝丝缕缕的细碎有别。她只想上仰苍穹，下寻地迹，浅遇春花，轻捻夏荷，守秋望月，与冬白头。

此刻，仍在佳年里静候。

一候鸿雁来。伊人未现，贤君且待，山河不期，而那一路向南的鸿雁定会如期而至。

"八月里来雁门开，雁儿脚上带霜来。"它们自东北，过黄河，经长江，达福建，入广东，或自内蒙古、青海，到四川、云南。

阶前的旧石，写满了等待，等待那无私的头雁。一声长鸣划破天空，大雁们不离不弃地陪伴，一力接一力地坚持，呼应着止若的长情。

二候元鸟归。初春衔着春泥轻盈而来的小燕子，且待5日，要饮露南归了。那唾全的旧巢，曾避过多少檐下的冷雨和斜风，在金秋露白之时，携眷南归，且待来年。

三候群鸟养羞。再待5日，几近秋分，瓜果蒂落归仓，百鸟同人秋收而忙，收储干果粮食，以备三冬。收获的喜乐盈满，止若却轻叹，这该是最后一季的热闹了吧……

一阵秋风，轻读微凉的秋章，梦中的情愫，还是那抹长生玉立不息的烟火。

李时珍在《本草纲目》中记载："秋露繁时，以盘收取，煎如饴，令人延年不饥。""百草头上秋露，未晞时收取，愈百疾，止消渴，令人身轻不饥，肌肉悦泽。"

拂水敛荷香，信手沾桂露。最是白露之时的深夜，身披一身碎银，入荒四野，捋一串亮晶晶的珍珠手串。带着少女的气韵，将那露地谷茬、草尖、芒头的一滴晶莹收取，摘下时慢煮茶，轻噏一小口，不像春茶鲜嫩，不及夏茶微苦，唇齿甘醇，健脾开胃。

这个秋天，痴念流云，默许白露。想念那一颗晶莹的龙眼，想念那一杯白露清茶，想念那醇香的米酒……散散淡淡地想，一言不发地想，在泛黄的旧本里想，在包浆的书桌前想……于松间闻落花，让桂花带禅意。

凉风有信，年年秋归。水岸旁，长风万里，冷月白露，寒山归梦。

天上白月皎皎，人间忙忙碌碌。

白露，阴渐重，且加衣，如静安。

二十四节气

秋分

琴弹南吕调，风色已高清。

云散飘飖影，雷收振怒声。

乾坤能静肃，寒暑喜均平。

忽见新来雁，人心敢不惊？

1

繁露盈盈,凉风瑟瑟。秋雁南排,顺风而走。残暑渐消,斗指酉,太阳到达黄经180°,秋分至,昼夜均,寒暑平,阴阳各半,于9月22日或23日交节。

春天热闹,万物复苏,生机勃勃,一派明媚;夏天热烈,百花齐放,争妍斗艳,芳华尽显;秋天热忱,百果飘香,万谷归仓,一边硕果累累、喜获丰收,一边裸露出本来的萧瑟,是谓秋色平分也。

你一定还记得,太阳到达黄经0°时,太阳直射赤道,也曾把昼夜均分。如果春分是一场热烈的出走的话,那么秋分或许是一场热闹的回归。

原来,岁月起初平分,孕育着全部的托付。那一季全然奔赴的新绿,那一群欣然盛放的繁花,自那一日浩浩荡荡地启程了。

曾经真的期待,黄金每日一度,承载着岁月的迁移,那丝风,那缕阳光,早已在你的专注里挪动了方向;那些花儿,曾在风中摇曳出千万种姿态,让渐盛的阳气暖在身上,恣意生长出每一天可爱的模样,久落在我们心间,在秋天里做一次盛大的交付。

"自古逢秋悲寂寥,我言秋日胜春朝。"谁说不是呢!

在家乡,最先登场的是葡萄,一串一串垂挂在头顶的架上,让人生津。月光浩浩瀚瀚地洒落在人世间。最是秋月当空,夜露泛起湿潮,与葡萄的馨香一起沁在如水的月光之下,将立在天地间的人滋养得更加慧气了。

柿子树在秋天是惹人爱的。它在春季与所有的树枝一同抽出绿条,两季并无奇特,即便枝繁叶茂的时候,也足见低调。直至入了秋,叶子会早早落下枝来,白露的霜一再打过,秋分的凉风一瑟,统统地扫到地上,枝是枝,干是干,干净利落。只有一挂,那便是小橘灯一样的柿子,红红地坠在光秃的枝干上,示意着别样的中国红。澄澈幽兰的穹顶之下,那黄土高原半山腰上的清冷里,脱光叶子的柿子树静静站立着。红红的小灯笼一簇一簇挂在枝头,没有一丝旁白和修饰,端然独立,凡尘的心愿一了再了,纯粹的欢喜溢满心间,"柿柿"皆如人意。

那一笼"螯封嫩玉双双满,壳凸红脂块块香"的秋蟹之宴,将贾府一岁之中的阳气一收再收。经高温蒸煮,那原本一派灰相的家伙被五花大绑地架在笼上,逼出深藏的喜气,红腾腾地翻了身,暴露出本性里善藏的美好,成了秋天独有的鲜美。多少年后的今天,秋分至,你家我家都有了贾府一样澎湃的喜气。这外表的灰相与内在的鲜美,凸显了生前死后的秋色平分,让人悲从中来。一场供奉的喜气要一场壮烈的生死淬炼，分出今生和来世。那成全一世丰盈的圆满，或许是前世、几世的修行与造化。

石榴，最能诠释多子多福的古意。顶着健硕的身体憨憨地挂满枝头，劈开，便是喜喜的一窝，冲着人笑个没完。

还有喜乐的、溜圆的重蛋尚能竖起，平衡的力量自在其中。看似毫无支点的小东西端立案台，背后却是昼夜势均力敌的权衡，有了定性，有了定心，似万事定了盘心，整个世界都握于掌心了。这大概是秋色平分的最高境界吧。

千娇百媚又如何，万紫千红又如何，都在百果飘香、万谷归仓的千军万马前偃了旗，息了鼓，似败下阵来，收了那一度的傲气和戾气，还原了春耕入土前的本色。

曾经一季回暖，阳气渐盛，惊雷肆座；而今阴阳各半，阴气日日渐盛。一候雷始收声，不再一惊一乍地嚣张过活，也不必隐忍着一路高涨难排的盛气，无处安放，寂寞轰鸣。

灯下的蝇蚊不在，阶前的蚂蚁不在，恼人的蝗虫不在，草丛间的蛐蛐不在，池塘里的青蛙不在，还有那不屑一己之力的萤火虫早已不在，统统遁迹，不似从前那般轰轰烈烈、意气风发，只是悄悄然或择自己的吉日，或随着别人的良缘，在秋分来时二候，藏入穴中，培起细土，封住洞口，蛰居起来，安待来年，重整河山。那秋老虎吸尽千华，秋分以来，降水甚少，气候干燥，河流湖泊体量渐小，沼泽水洼开始干涸，此三候也。

阴阳互换，天道轮回。万物尚知盛极必衰，知进退，知荣辱。

人呢，人类呢？

人，总是只能眷顾一己之意，以欲代望，没边没际，一边扩张，无限膨胀，顾不下放，顾得上收，不适火候，漫了边，过了头，越了界，泄了气，一蹶不振了。

见过花圃里同名同姓的花苗，园丁原是没有偏见的，均匀施了肥、浇了水，趁着手势一把撒下去。空中走出无数条弧线，落在何处，都是造化，偶然或者必然，粒粒都占有一己之地。几日之后，星星然露了头，便分出先后来，再长，又分出高矮和胖瘦，像极了人，各有不同。

常是那些似乎平常迎着清风和阳光的样子，齐齐整整、合心合意地释放着一脉情怀，破土时破土，发芽时发芽，开花时开花，结果时结果，归仓时归仓，蓄力时蓄力，十分契合，占尽良缘，一生丰厚。

长势极旺，茎壮叶肥，傲然生长，遥遥领先者总是有的，未知恰得了多少得天独厚的佑泽，逢了时，应了景，标新立异，一气冲天，一阵艳羡，遥不可及，便引出众生的杂念，一派喟然。

还有着床轻浅、植土清瘦者，生得单麻细捻，跟在大部队后面，破土、发芽、抽茎、打朵、开花、结果，样样都不入时，更不能入流，自有节序，清瘦一生。

自怜自哀时虽有，却也始终坚守自知，开过花，结了果的，也算善终。最是生的单薄者，望着众相妖娆，荼蘼了自家的形象。好高骛远，妄自菲薄，干茎伸得老长，力穷志尽，连花季都没得赶赴，半道夭折，徒得半生，且怨谁呢？

恰似一段钟情，不紧不慢，于平淡中亦步亦趋，温润、长久；

一往情深,海誓山盟,总是经不起岁月里你长我短的打磨,持不住深情里你多我少的托付,一气过后,再也没了先前的心气,不及盛景,无以相恋,再不可期。

情何以堪,不能回头,不及常人之常情了。

世间万物,高高低低,左左右右,前前后后,上上下下,谁也不曾绕过轮回。要么在规律里重生,要么在规律中夭折。

各自有道,秋色平分,勿悲勿喜呢。

2

南方仍然辗转在夏季的余热里时,北方已到了人们喜欢的秋分时节。此时,阴阳各半,寒暑均等,气候宜人,空气如水般洁净,深深饱吸一口,清爽新鲜,丝滑回甘。

来自西北的风不再席卷春分时节的黄土和沙石,而是一路带着瓜果的清香将湛蓝的天空扫净,将洁白的云层吹成朵朵白莲,在光阴互换的半程等候我的仰望和回眸。那目光所及的洁白硕大的云朵啊,多么想深埋在你的怀里,让高高蹦起的身体重重弹落在棉花堆里,然后像婴儿舒卷在母亲的怀里一样,幸福绵密,能量无限。

悠然飘浮的云朵,如清洁美丽的白莲,纯净如水的空气,阴阳各半的均等,寒暑均衡的适宜,只是秋分不偏不倚、不多不少、不紧不慢的造化。它暗含着宇宙万物运动生长的中点,万事成

秋分

败更新的中点,是谓中正,中和。

中,方位词,跟四周的距离相等;中心,如中央、居中等;位置在两端之间的,如中指、中秋等;等级在两端之间的,如中学、中型等;不偏不倚,如中庸、适中等;适于、合于,如中用、中看等。

中正,正直、中直之意,事物各方面因素力量和力度都在得当的分寸之内,是实体稳定性的最高状态。中正之道,指相应实体所应当遵循的自然事物的法则,比如秋分节气的法则就是太阳到达黄经180°,在这个基本法则下衍生出的表征为阴阳半、寒暑平。

每个事物简单来讲分正反两面。阳代表正面,阴代表反面;阳寓意高兴、热情、乐观和饱满等情绪状态,阴寓意痛苦、低落、消极和空乏等情绪状态。在事物发展的不同阶段,正反、阴阳两面就像四季更替一样,会在不断运行中赓续和转化,也会呈现出事物整体发展的态势。

因此,乐,切莫飘忽云霄;痛,不必寒彻心骨;苦,自有定数,持而为安;心,自有所属,安于平,乐于道。

所谓力道得当、适当的尺度,最是一个事物矛盾发展的关键和根本。比如,在小麦播种前,土壤的温度是关键,因而北方的农民会在清明节前后耕种;在小麦的发芽期,人们会期盼着下雨,因为这关乎一家人全年的生计;在小麦灌浆期,需要十天左右浇一次水,如果水跟不上,将来穗的饱满程度就会受影响;在小麦穗满之后,光照越充足,小麦成熟度越高,小麦磨粉的量就越多。再比如,母亲生豆芽,总要先将豆子放在20℃至30℃的温水里浸泡 5 个小时左右,然后把水澄出,将盛豆的盆放在过灶火的炕上。有时过火太多,炕的温度就高,豆芽会生出毛须。豆芽需要每日晚间用 5℃ 左右的凉水淘一遍。一般来说,几日后营养丰富的豆芽就可食用了。可见,把握水温、时间、温度、水分的适时与适度是豆芽生长好坏的关键。

待人接物也一样,分寸尽在毫厘之间。

《红楼梦》里的妙玉,一个被推进俗世凡尘里的人,过早地看惯、读懂、悟透了"纵有千年铁门槛,终须一个土馒头"的结局,淡然拒绝了俗世的喧嚣,在栊翠庵的梅香里,静守着自己的傲慢、冷峻和清高,淡然拾闲趣,安然释岁月。孤拔自在的妙玉,在两次烹茶的过程中,现出礼仪尊卑、原始欢喜和灵魂认同的等次和尺度。

第一次给贾母烹茶,用的是旧年蠲的雨水;第二次给宝钗、黛玉喝体己茶,用的恰是极其罕见的梅尖雪水。黛玉问:"这也是旧年的雨水吗?"妙玉冷笑道:"你这么个人,竟是个大俗人,连水也尝不出来。这是 5 年前我在玄墓蟠香寺住着,收的梅花上的雪。"

这两次烹茶用水的不同,竟将妙玉对待老祖宗贾母和心意相投的黛玉不同的品性拿捏得很好,将其壁立千仞、天子不臣、诸侯不友的性情显现得淋漓尽致。

世事万般,一件事物的圆满,是另一件事物的开端,几件事情恰到好处的结合,仅仅成为促使更高层面的一件事物成因的萌发。物相的品质,人相的品格,更加取决于标准的定位,方向的取舍,尺度的把握,分寸的拿捏。眼里心里景致万千,时态物态事态妖娆天下。

剑指中庸,一要客观,遵循客观规律,目标不偏不倚,方法得当,力度适中;二要中正、平和,喜怒哀乐均不可过分,时时保有谨慎之心、敬畏之心,自然平和;三要中用,事以众需而存,人以一技之长搏众,中用,善用,才能长用。

秋分,阴阳各半,谓宇宙万事万物中庸之大。

二十四节气

寒露

寒露惊秋晚，朝看菊渐黄。
千家风扫叶，万里雁随阳。
化蛤悲群鸟，收田畏早霜。
因知松柏志，冬夏色苍苍。

那日说过了，秋色平分。

之后呢，之后的之后呢。

太阳在黄道上的经度坐标变化演绎和昭示着自然界的一切，一天一天不一样，一年一年不一样。每一年的秋分都会如期而来，在 10 月 8 日前后，将败落狠狠地摔给太阳到达黄经 195°时的寒露。

深秋，那些因旧事未安，抑或新事未顿，未能赶赴前次归期的最后一批鸿雁，在寒露至、天渐冷时，尾随最后的归期，举家南迁，谓寒露一候。大鸟尽数南归，小鸟潜林隐居，你的身边不再有掠过墙角轻停树梢的倩影，不再有垄间嬉戏、憨态可掬的精灵，不再有振翅欲飞的雄心，不再有气势磅礴的英姿……如果有，那便是入海为蛤的石羽，此为二候。百花消残，唯有九菊，离了那春夏的热闹，浸染霜寒之重气，不倾群芳，淡然开放，万事不悲不喜，随了那东篱之人的心愿，此是三候。

我真的忘了，是谁将香山的红叶种进我的脑袋很多年，后来竟成了一种思念，在心里。再后来我真的带着这种思念去了香山，赏了红叶，回想那时大概就是寒露，的确算是佳期，应了寒露节上香山赏红叶的雅俗。

中医春夏养阳，秋冬养阴。《神农本草经》和《本草纲目》都重笔叙述了芝麻养阴防燥、润肺养胃的功效。有时候芝麻也和绿豆相融做成糕点来排毒。如果寒露时遇重阳节，登高远望，品芝麻香糕，那"芝麻开花节节高"也着实里里外外应了景。

九月，又称菊月。寒露，菊有黄华，满世界独一份淡然。锯齿边缘灰绿色叶面未见特别，或许恰是因此，经得起这寒露的冰霜，走在清寂里，冷静端然地笑出来，才见得真气帅气。如此使然，古人于寒露日取井水或煮菊沐浴，滋养肌肤，或酿酒品茶，滋脾养肺，精神焕发。

秋钓边，醉江蟹。寒露时节，气温下降，深水处渐寒，鱼虾蟹等皆往浅水区，垂钓之人唾手可得。兴致益然，用酒呛蟹，将肥嫩的蟹膏挖出来，单独存放，以待贵客。

秋事过后，遥想那日春分生出鹅黄，欣欣然稚嫩，无限期盼，恣意遥想，心里滋生着世间的一切美好，整个世界都曾是我的。那日夏至，太阳北行到极致，热度一度攀升，似要登峰造极，又似养精蓄锐，以求硕果累累。

秋风不知何时吹起又落下。荒草现出新的沧桑，一刀疾劲将所有的光阴、血汗、俏丽和芬芳统统揽进仓库，前程的妖娆华美、素飒玲珑、干瘪枯萎都统统忘净，势均力敌，化整为零，谁谁都一个样。

草尖苲头的露珠白而欲凝,一夜一夜萧索着秋后零落的残景。想,当初幼芽破土,那般全力以赴,一意孤行。想,当初含苞待放,那般踌躇满志,信誓旦旦。而今,瓜熟蒂落,万谷归仓,秋色已然平分,却只一夜,皆成过往。想,人生若只如初见……

抬头怀想,低头默然。且紧衣衫吧,寒露来了。

秋事再忙,斗指向辛,白天黑夜都换了天地。盛夏天蝎座的星宿已冷冷西沉,早不是先前罩着你的那个大火星了。北方昼短夜长,丝丝寒气胁迫了麻衣轻衫,逼紧了肌肤毛孔,之后,连你的心也逼仄了。逼仄的心还能想什么呢,想什么都多余,索性放下吧。秋分还是一夜之间的事儿,到寒露竟是一念之间了。

一念之天地。知了冷暖,悟了远近,定了乾坤。

人淡如菊,不知是人恰逢了时,还是物且候了人,总之是一起在这冰霜雪凝的秋冬之际,随遇了这凌霜而开、傲岸高洁的九月菊,清然素然淡然,安然凌然傲然。

总见玫瑰娇艳盛情,常见月季秀美多姿,深知牡丹雍容华贵,那些四季唯春勃发的热闹,那些四季芳华皆序的忙碌,那些缠缠绵绵、卿卿我的悱恻,那些高高举起、狠狠摔落终归不予的绝情,都被这九月菊断然消释,凌霜怀暖,自成一脉。

喜欢雏菊吗? 小小的身体,大大的能量。

清纯的惠瑛就像一朵原野上的雏菊,根植在清香淳厚的泥土里,万物的灵光佑泽着她的青涩,美丽得让人心疼。朴义的生命充斥着一个职业杀手的冷酷,可惠瑛却是唯一能够让他柔软的一束光。正佑在维护正义、捍卫生命的另一种坚冷里,同样需要回归生命本源的纯朴和温暖。惠瑛沸腾了他冷藏多年的热血。雏菊是他们心底最深的暖。

血溅雏菊，寒了多少人的心，说的就是这寒露天的告诫。这不觉让你打起了寒战，快将那长情收了吧，日子再也不能回暖。尽管那日惊鸿，也只是过往，秋分一过，早已过了气，黑白颠倒了。

何必深究呢，谁都不会重新来过。只有寒露，会长久地在秋分之后告诫你——忌痴情。

二十四节气

霜降

风卷晴霜尽，空天万里霜。
野豺先祭兽，仙菊遇重阳。
秋色悲疏木，鸿鸣忆故乡。
谁知一樽酒，能使百愁亡。

斗指戌，太阳到达黄经 210°，于每年 10 月 23 日或 24 日，寒露将时间交付给霜降，现出年内早晚温差最大的情况。霜，真的降到人间的秋冬之际。

　　"霜""霜冻""霜降"，以一字之差，陈述着三件不同概念的事情。

　　霜，是夜间地面冷却到 0℃ 以下时，空气中的水汽凝华在地面或地物上的冰晶。霜是一种天气现象，属于中国地面气象观测内容。霜通常出现在秋季至春季时段。气象学上一般把秋季出现的第一次霜称为早霜或初霜，也雅称菊花霜，把春季出现的最后一次霜称为晚霜或终霜。从终霜到初霜的间隔时期，是无霜期。

　　霜冻，是指生长季节里因气温降到 0℃ 或 0℃ 以下而使植物受害的一种农业气象灾害，不管是否有霜出现。霜冻通常出现在秋、冬、春三季。

　　霜出现的条件：一是近地面空气中的水汽达到饱和，二是地表温度低于 0℃,在物体上直接凝华成白色冰晶。发生霜冻时不一定出现霜,出现霜时也不一定就有霜冻发生。

霜降,是二十四节气中的第十八个节气,是反映气温骤降的节令。霜降并非示意"降霜",而是表示天气骤然寒冷,昼夜温差大。

霜,不是从天上降下来,而是地面的温度越低,空气密度越大,比重越大。随着空气的流动,最冷、最重的空气就会往最低处流动,到达最低处(洼地)停留后,逐渐积聚凝华成霜。因此,通常洼地比一般地方容易形成霜,洼地的植物也特别容易被霜打。

霜是由冰晶组成,和露的出现过程是雷同的,都是空气中的相对湿度到达 100% 时,水分从空气中析出的现象。它们的差别只在于露点(水汽液化成露的温度)高于冰点,而霜点(水汽凝华成霜的温度)低于冰点,因此只有近地表的温度低于 0℃ 时才会结霜。

霜和露是矫情的,须细微到晴朗微风的夜晚。

夜间晴朗有利于地面或地表物体迅速辐射冷却。微风可使辐射冷却在较厚的气层中充分进行,而且使贴地的空气得到更换,保证有足够多的水汽供应凝结。无风时,可供凝结的水汽补充不多;风速过大时,贴地的空气与上层较暖的空气发生强烈混合,导致贴地的空气降温缓慢,均不利于露和霜的生成。对于霜,除辐射冷却形成外,在冷平流经过后或洼地上聚集冷空气时,都有利于其形成。这种霜称为平流霜或洼地霜,它们又因辐射冷却而加强。因此,在洼地与山谷中,产生霜的频率较大;在水边平地和森林地带,产生霜的频率较小。

东汉王充《论衡》曰:"云雾,雨之征也,夏则为露,冬则为霜,温则为雨,寒则为雪。雨露冻凝者,皆由地发,不从天降也。"

霜降,是秋天最后一个节气。一候豺祭兽。《清通礼》云:"岁,寒食及霜降节,拜扫圹茔,届期素服诣墓,具酒馔及芟剪草木之器,周胝封树,剪除荆草,故称扫墓。"各地有祛凶、扫墓等习俗,以祈求风调雨顺,生活幸福安康。在山东烟台等一些地方,霜降这一天人们要去西郊迎霜;在广东高明地区,霜降前有"送芋鬼"的习俗……二候草木黄落。秋风将最后一茬落叶扫尽,万物肃穆静然,入地三尺,重整轮回。三候蛰虫咸俯。此时冬储真正偃旗息鼓,冬眠的动物也藏在洞中进入深度冬眠状态,整个世界哑然无声。

"补冬不如补霜降。"霜降时节,民间有煲羊肉、煲羊头、迎霜兔的食俗。在中国的一些地方,霜降时节要吃红柿子。在当地人看来,吃红柿子不但可以御寒保暖,同时还能补筋骨,是非常不错的霜降食品。泉州老人对于霜降吃柿子的说法是霜降吃丁柿,不会流鼻涕。有些地方对于这个习俗的解释是霜降这天要吃柿子,不然整个冬天嘴唇都会裂开。在闽南、台湾地区,霜降这一天要进食补品,也就是北方常说的"贴秋膘"。民间有句谚语"一年补透透,不如补霜降",充分表达出人们对霜降的重视。每到霜降时节,闽台地区的鸭子卖得非常火爆。广西玉林的居民习惯在霜降这天,早餐吃牛河炒粉,午餐或晚餐吃牛肉炒萝卜或牛腩煲,补充能量,祈求身体暖和强健。

这期间也会举行菊花会,饮酒赏菊,以表达对菊花的喜爱和崇敬。古有"霜打菊花开"之说,所以登高山,赏菊花,也就成为霜降这一节令的雅事。"霜降之时,唯此草盛茂",菊被古人视为"候时之草",是生命力旺盛的象征。

霜降,铅华殆尽,万物枯零,收成藏精,以备新元。

霜降时节,气温骤降,秋老虎集蓄一天的阳气在午间释放,却终无法抵御紧逼的寒气,霜和霜冻有时交错,有时重叠,将深秋里强撑到最后的绿意一次次冰冻,经午间暴晒,一派萎靡狼藉,零落成泥,终其一生。

即使最后的一丝生机殆尽,也将一把残骨的精气随着入地三分的阴气给了地球上的一隅,然后在大地上积聚,宇宙中运转,候机成物,新元伊始。

霜,丧也,成物者。

二十四节气

立冬

霜降向人寒，轻冰渌水漫。
蟾将纤影出，雁带几行残。
田种收藏了，衣裘制造看。
野鸡投水日，化蜃不将难。

昨晚,我安顿了食堂,立冬要给大家吃饺子。晨起,朋友圈铺天盖地都是饺子的烟火。

2022年11月7日18时45分18秒,斗柄指向西北,太阳到达黄经225°,立冬节气来到人间。

《孝经纬》曰:"斗指乾,为立冬。冬者,终也,万物皆收藏也。"立冬,意味着生气开始闭蓄,万物进入休养、收藏的状态。

立冬一物必吃,三处要暖。有这样一种民间说法,冬吃萝卜夏吃姜,不劳中医开药方。立冬第一宝,就是萝卜。立冬后,就意味着冬季正式来临,草木凋零,蛰虫休眠。人类虽没有冬眠之说,但民间却有立冬补冬的习俗。谚语曰,"立冬补冬,补嘴空"。古时,农民劳动了一年,利用立冬这一天要休息一下,顺便犒赏一家人的辛劳。于是,在立冬这天,人们杀鸡宰羊或以其他营养品进补身体。

立冬,闽中俗称"交冬",意为秋冬之交。立冬补冬,家家户户要熬制草根汤。人们将山白芷根、盐木根、山苍子根、地苓根等剁成片,下锅熬煮出浓浓的草根汤,之后捞去根块,再加入鸡、鸭、兔肉或猪蹄、猪肚等继续熬制。草根品种众多,配方也多种多样,但都躲不开补肾、健胃、强腰膝等功能。

15时38分20秒,一位专做节气针灸的医生告诉我,18时45分18秒做针灸能量是最大的。她还善意地提醒我要不要把握那个最佳时刻,因为那是太阳精准到达黄经225°的时刻,也是秋天的最后一个节气寒露正式将手交给冬天的时刻。可是正巧在那样精贵的时间我有其他事,只能眼睁睁地错过能量最大的2022年11月7日18时45分18秒。生命中有诸多美好的瞬间,我们就是这样生硬错过的,那些细细碎碎的柔软与美好让人生出几多无奈和遗憾。

在所有的时间里,我们是唯一的,我们能够把握和感受的也只有唯一。那些曾经被我们忽略且混沌着错过的唯一的美好,那些曾经被我们误解且断然丢弃的唯一的美好,甚至那些曾因我们未抓住的选择机会,就那样从自以为是或不自以为是的时光缝隙中走过和错过。

然而,把握了立冬之日冬补的针灸,也是何其有幸。针灸中渚穴、隐白穴,疏通三焦,达到健脾的功效;针灸中脘穴,可疏肝养胃;针灸关元穴,能调补肝肾,强身健体;针灸足三里,可益气养血,提高免疫力。做完这一套冬补的针灸基本就齐全了。闭目养神,全身心完全放松下来,均匀深度呼吸,大约一个时辰,一套立冬冬补的针灸就完成了。

书里是这样讲的:立冬,意味着万物开始进入休养、收藏的状态。立冬三候,一候水始冰,二候地始冻,三候雉入大水为蜃。意思是,此时水已经结成冰,土地也开始冻结,野鸡一类的大鸟不多见了,而海边可以看到外壳与野鸡羽毛的线条及颜色相似的大蛤蜊。所以,人们往往认为野鸡到立冬后便变成大蛤蜊了。立冬这天,我准备专程去趟野外看看它的样子。在下楼的时候,我感觉我的衣服穿少了,其实穿的还是昨天那一身呢子半大衣,可是楼道里的风让我不禁揪紧了衣领。

楼门一打开,我立刻淡定了许多。天灰蒙蒙地压出新低,我想这是冬天给我的第一个"灰"相。我顺着墙角往前走,一层形似凤尾鱼且已九成黄的柳树叶子一直跟着我的脚向前铺展,站在一层树叶中间,立马想起我幼时帮母亲撒鸡粮喂鸡的情景。我抬起头看看前两天还一头绿发的柳树,今儿个说打发就扑簌簌打发下来,有种尘归尘、土归土的决绝。

田野里居然是一色的灰黄,远远望去,怎么也分不清哪一片是老王家那块苞米地,哪一块是老张家的土豆田。坡上坡下都露出大地的裸色,风动之处已无两样。风从冯湾走起,平顺地吹过大崖湾的西梁入了崖畔,狠狠地卷起宿风的一堆无根沙蓬上了畔,起起伏伏朝着前白菜村的方向去了。

狗尾草依然立在坝头和垄间以及任何一块土地上一晃一晃弯腰点头,已没有夏秋之际见到它时那一脸可人的模样,总有一种想轻轻触摸的冲动,这让我的心里掠过一层一层的薄凉。我不知道它如今一身灰黄在风里发出苍劲的力,是不是想跟着风一起走,还是一直想走可风总也带不走。它耷拉着断头,在天地间只剩一副败相,没有节奏地随着风向点头哈腰。如果真有一天它被扯断身子的话,它会随了哪阵风呢？它会选择哪天动身？是立冬之日,还是立冬之后的某一天呢？

我抬眼望向前面,想找到唯一的高点。我的目光走过李二沟的河床,从村庄的屋顶掠过,翻过马鞍山的背脊,落在阴山厚脊的苍茫之中。那遥远的山脊连到一片蔚蓝的深处,将我年少的青梦、夏至的醉梦和中秋望月的相思之梦在立冬之日的时空里一并做了收藏,等待重启……

二十四节气

小雪

莫怪虹无影，如今小雪时。

阴阳依上下，寒暑喜分离。

满月光天汉，长风响树枝。

横琴对渌醅，犹自敛愁眉。

《眉间雪》，我喜欢。

上下 7 个音，来来回回交错，述出沉沉的中音，不低迷，不踌躇，不清扬。

不望。凝重。静默。

我看顾你婴儿之初般的无知，照顾你幼年三饥两饱的生活，念顾你秋水长天的相依，却顾不了你欲行四海的抱负，以及转身离去的空茫。

我暖在襁褓，不知是你胸怀里的恒温；我无忧衣食，只知是你烟火人间的常态；我立志天地、四海为家，不顾你日消月没的陪伴。执念转身，一意孤行。

恍然间，我已走在你的路上。我一样承袭了你的血脉精髓，循环你劳神费气的扶植，目光流转，牵念顾盼，素年白日的相守，直至我无言所寄，心依旧，空茫依旧，没有谁来，不为谁等。

任雪飘下来，一身仙气飘下来，盖了长山圣水的肌肤，遮了小桥古村的面目，哑了车船行走的人声……在万籁俱寂、天地一

小雪

143

白的时空里,五行阴阳之气,从头顶发丛、肩前后背,落下,再落下……

入了白茫茫的仙境,风骨如初,初心不改。

《眉间雪》,我喜欢的。

古琴的音是那般苍老,有的音听着像枯萎的胡杨,旧了上千年的样子,3000 年和 5000 年都没有区别,一个音从耳根扯进来,心便扯出老旧的疼,那种不知为何、不知为谁的疼。

中音段的重复和重叠,就像万籁俱寂中一朵雪花和另一朵雪花从空中落下时的重叠,以及落了地的覆盖。一片雪花是一句话,一句话是一个故事,轻盈飘下,有时顺向,有时反转。一句话一千遍诉说,一千个看着相似、重叠的轻盈最后成了一种厚重,一种辨不清的事实,若干个事物积成的一个事物的整体——还叫雪。

少时读文人的雪本时,一个个少不了"万籁俱寂"这个词,心里泛起再无他词的轻见。岁进中年,夜里听着《眉间雪》反反复复、重重叠叠的中音,那种从心底里、骨髓中涌渗出来的寂静,穿彻脑际眉心,淹没整个人。之后又漫过人身,没过窗台,外延到窗外的店铺车马,整个世界真的万籁俱寂了……

眉间雪啊!

尽从万米的深空悬下。一朵从万米深空乘着清风顺势而下,且落一处,谁知是不是寒露"三候"中哪一日午间高阳蒸发过的一滴水的居处;一朵几经翻转,历经斜风阻挠,落在乾清宫的琉璃瓦和獬豸的身上;一朵从西前街的上空游历到东前街,在永巷的深处接了地气；一朵朵纷纷扬扬飘下来，纷繁了太和殿、奉天殿阶前的时空……雪花映衬着高高的红墙，整个紫禁城笼罩在茫茫雪白之中，若隐若现的楼角亭榭尽显皇家气派，目视许久，似千军万马，浩浩荡荡，竟忘了是明还是清，是古还是今……

一夜梦回紫禁城，说的就是雪的造化。

雪，看似覆盖了紫禁城，其实是覆盖了能看见现世喧闹的双眼，唤醒一边奋勇向前追逐、一边怀恋远古本真的心。所以，雪下在了我们的心里，那一场梦回紫禁城的雪啊！

我踩在故宫太和殿前的汉白玉大道上，俯下身触摸雕龙的双眼，身边跑来的 3 岁孩童蹲下撒了泡尿，汉白玉大道上所有的雕饰都未见特别。我仰望坤宁宫的牌匾，估摸琉璃瓦的年岁，尽管导游小姐姐一再强调其背后的故事，但它们都静静地躺在那里，冷冷地无意追忆遥远的足迹。

可是，雪一来就不一样了。我甚至想每一片雪会不会携着曾经在紫禁城里生息过的每一个古旧的英灵，那些落在襟前的泪、溅在地上的血都要通过一场又一场雪来化解，祭奠那视死如归的忠诚和深情。所以，我们才会用一年的光阴去期待一场故宫的雪。

楚阔云低，雪花漫天飞舞，大有朝野上下浩然朝拜的圣意，尽显天子独尊、礼仪之邦的大气。尤其是北风从山海关呼啸而来，雪花在旋风里翻滚，就像金戈铁马的乱世，群雄奋起、短兵相接的场景。有时苍穹黯然，风静云平，雪花静默着下落，就像一场又一场落下帷幕的宫斗，早已没了对错。有时清风徐来，想起妙龄少女,身着古时的红装,或端庄或俏丽或妩媚,迎着北风走在紫禁城中,雪屑轻落在眉间,勾起怀里深藏的千古长情。不禁想问,你究竟是滚滚红尘里的哪　位呢……

故宫的雪啊,紫禁城的人。

眉间雪,早已入了心,蚀了骨,传了神,成了一代又一代人的气脉。故宫的雪,是一场皇恩浩荡的回响,是一场缅怀先祖的祭奠,是一场生死有节、贫富有恩的跪拜,是一场慈怀苍生、心念黎民的悲悯。故宫的雪,是穿越时空的精灵。

11 月 22 日或 23 日,斗指亥,太阳到达黄经 240°,小雪节气到来。天地积阴,温则为雨,寒则为雪。小雪节气时,冷空气活动频繁。一候虹藏不见,二候天气上升、地气下降,三候闭塞而成冬。

言小者,寒未深而雪未大也。小雪,不是雪。然,小雪来,故宫的雪还会远吗?

眉间雪啊!

二十四节气

大雪

积阴成大雪，看处乱霏霏。
玉管鸣寒夜，披书晓绛帷。
黄钟随气改，鹃鸟不鸣时。
何限苍生类，依依惜暮晖。

阴山以北，大漠如边。皑皑白雪迹，漫漫黑山头。

12月6日或7日，斗指壬，太阳到达黄经255°，大雪节气来到人间，来到中国，来到北纬41°的固阳。

固阳，我的故乡。地处阴山北麓，北魏六镇之首怀朔镇所在地。

我曾经说过，我熟悉她黄褐色的肌肤，略带碱味的水；熟悉她四壁的空旷和苍茫，风起时昏天黑地的撕扯，风去后空气如水的明净，以及风和日丽间天空中垂浮的每一朵洁白且安详的云朵；熟悉她沟梁起伏的田野上每一种生物，马齿苋黏液的滑爽，狼毒抗癌的功效，油菜花无边耀眼的黄和荞麦花茫茫无边的雪白。我的小半生都生长在她那黄褐色的壤土上，我夕阳一样熄灭的目光曾在每一个第二天的清晨照亮她的整个身子，然后用她一首老歌孕育起来的身体在她的怀里撒欢儿打趣、挥汗如雨。

当每一次春风的赫黄遮盖了一切生灵和村庄，当每一次秋风将最后一茬沙蓬草捎至某一个暂时可以落脚的地点，当每场茫茫的白雪覆盖着漠北起起伏伏的山梁，我的内心都会涌过一席苍苍莽莽的悲伤。

我曾经触摸过城圐圙古城遗址的瓦当，沿着五金河的河床追寻孝文帝、郦道元的足迹，曾丈量过怀朔古镇内城外城的宽和长，深深叹惋几代英豪拓跋家族的早殇，也曾站在烽火台的制高点上向北远远眺望，远远怀想，这从远古走来的稒阳，曾是怎样抵御南下的柔然，怎样铸就捍卫阴山入驻中原的梦想……

多少次抚摸着秦长城的臂膀深思，内心汹涌着磅礴的敬畏，膜拜其在风霜雪雨中历经几千年容颜不改、身脊横亘，叩问其诞生人间是否源自某些人的遗嘱？我曾站在黑山头的身躯上环视自己和黑山头以及整个宇宙，遁寻北魏六镇的物相和人事，却终被大雪封山的寂静和黑山头如洗的平脊暗笑。历史的真颜需要一层层剥落，而非任何一厢情愿的热情所能看穿。我也曾一次次对着起起伏伏的黄山梁追问，那一条条便道最初由几位先人踏出，辕上的力，辙下的痕，是藏着黎民四季的向往还是哪路官兵戎马征程的使命。

最是诚拜秦朝名将蒙恬，其谙晓韬略，雄才果敢，在秦统一六国后，蒙恬奉命率 30 万大军北逐匈奴，收复河南地（今内蒙古自治区鄂尔多斯高原西北部），打过黄河，占据高阙（今内蒙古自治区巴彦淖尔市临河区西北石兰计山口）、阳山（今狼山）、北假（今乌加河与阴山北夹山地带）等山川河流。

北国的大雪恰如豪侠猛士，金戈铁马，鹅毛般的雪花在西风里卷起汹涌的雪浪，在墙头马上翻滚过后，一路呼啸而去，在空旷的原野上如蒙恬的千军万马奔腾转战在阴山北麓(今内蒙古自治区包头市固阳县北部一带及周边地区),浩浩荡荡一路北上,立下赫赫战功,将战国时期秦、赵、燕长城连为一体,修筑西起甘肃岷县、东至辽东的万里长城,横穿固阳县境内近100公里。秦始皇巡游秦直道,自九原郡(今内蒙古自治区包头市西南)直达甘泉宫,使山开谷填、致华夏和融、青垂历史的就是蒙恬的军马,其雄浑的豪情与坚韧都融进了北方汉子的骨血之中,如漠北的大雪威风凛凛,浩气长存。

然而,当我站在固阳这片土地上,感受大雪节气的寒潮,先祖战胜自然的英雄气概,以及宇宙万物相互成全的圣意时,《月令七十二候集解》提醒我:"大雪,十一月节。大者,盛也。至此而雪盛矣。"大雪是干支历子月的起始,标志着仲冬时节正式开始。

大雪,只是天气更冷,降雪的可能性比小雪时更大了。

我偶尔回到祖父曾经的住处,在新建的砖瓦房前注视,遁迹30多年前窑洞的旧影,总想起无数次依偎在窑洞里祖父的身边,在漆黑的六更时和祖父一起听收音机里大雪节气到来关于漠北零下32℃寒气的播报。那幼小的身躯曾无数次来回穿梭在四壁空旷的寒气里任风厮打,那睫毛上打结的冰晶和脚趾上又痒又痛的冻疮,都是漠北的大雪节气曾经带给我的沧桑。

大雪,一候鹖鴠不鸣。《禽经》曰:鹖,毅鸟也。似雉而大,有毛角,鬪死方休,古人取为勇士,冠名可知矣,《汉书音义》亦然。《埤雅》云:黄黑色,故名为鹖。据此,本阳鸟,感六阴之极不鸣矣。若郭璞《方言》:似鸡,冬无毛,昼夜鸣,即寒号虫。陈澔与方氏亦曰求旦之鸟,皆非也。夜既鸣,何为不鸣耶?《丹铅余录》作鴠,亦恐不然。《淮南了》作鸤鸣,《诗》注作渴旦。

二候虎始交。虎,猛兽。故《本草》曰能避恶魅,今感微阳气,益甚也,故相与而交。

三候荔挺出。荔,《本草》谓之蠡,实即马薤也。郑康成、蔡邕、高诱皆云马薤,况《说文》云:荔似蒲而小,根可为刷,与《本草》同。

大雪节气,作为二十四节气中的第二十一个节气,是指气候更冷了,阴山南北一度降至零下 5℃ 到零下 35℃,不是直意为下大雪,但下大雪的概率更大确是实情。

千里冰封、万里雪飘的盛况的确是固阳的极景。此时的白日极短,天空总会很快阴沉下来,呈中灰色系与空旷的灰黄色原野相接,人在一色苍茫的天地中感受更加原始的壮美和辽阔。天地和人更近了,因为会有雪来,大雪飘来,奔来,涌来。雪便成为天地与人之间最好的契物,生灵万物似乎都有了相通的气息,心智顿开,绵延万里。在新式的高楼看雪,看楚阔云低;在古屋的堂前看雪,看黑狗身上白,白狗身上肿。从小雪看到大雪,从一个人看到一群人,又从一群人的热闹中隐退,到一个人和一场雪的寂静里去,一直下,一直看,甚至从大雪看到雨水,从少年看到中年,直到多少人都老了,雪也不老,新旧一白。

二十四节气

冬至

二气俱生处，周家正立年。

岁星瞻北极，舜日照南天。

拜庆朝金殿，欢娱列绮筵。

万邦歌有道，谁敢动征边？

前几天,父亲低着头和我絮叨,说今年冬至给祖父祖母做两身棉衣烧去,他梦到祖父哆嗦着,在墙角……

祖父在给我的手指留下一道疤之后的第二年,因胃出血离开了我们。他走的最后一刻,留给人世间一盆殷红的鲜血。那盆血就蹲在旧屋的炕沿下,以至于我每次想起爷爷总是先想起那一盆鲜红的血,似乎这盆血比最后躺在炕上收了最后一口气的爷爷的身体离我更近。祖母曾经晨起晚间洗手洗脸用的洋瓷盆,在人世间变成血盆大口,吸干了爷爷身上的最后一滴血,好像把我的心血也吸走了许多。

母亲说,祖父走后祖母常常说着祖父的故事就哭起来。过了几年,祖母便卧病在床了。10岁左右的我将母亲做好的热气腾腾的饭食从西院端到东院,进了屋、上了炕,蹲在祖母左侧的枕边,一口一口喂给她。这样过了寒冬打了春,祖母也随着祖父去了。

外婆和外公给过我人世间最长久的陪伴。我赶在外婆离开之前成了婚,将那个伴我一生的人领到深爱我的外婆面前让她看了一眼。外公参过军、举过枪、建设过新中国,97岁高龄时,终也无法抵挡自然规律的侵蚀,离开了人世。

婆婆是在我疯长到38岁的人间四月天,离开了我们。那以后的我,再也不像以前那样只顾疯长了,不由自主地停下来回望,想念,思索,用一切可以用来祭奠生死的时间回应生命给我的一切温情。

关于亲人,经年的我曾经这样祭奠……

念母亲

人间四月天,母亲走了。

四月,本是万物复苏的明媚时节,可母亲的病,母亲的走,让我的心如浸泡在秋的哀霜里。百虫之鸣是对母亲慈爱的温婉传唱,桃红梨白的怒放是对母亲勤俭、刚强一生的风骨祭奠。

母亲的走,带走了少不更事的我对生命浅薄的憧憬与遐想,留给我们的是无尽的思念与哀痛!母亲入土归尘后,我开始整理揣在怀里的对母亲的万千情思,可数次提笔祭文,情重笔端泪先流,断肠天涯,不敢细思量!

不知为什么,不分时间,不分地点,工作之余、朋友闲聊之时、下班驱车之际,无论是否做着有关无关的事,母亲的身影都会突然跳在眼前、现于脑际。

又经四月!

去年今时,远赴成都两三日,足如镣,心似铅,成为今生最沉重的出行。次日,雨碎芭蕉归心欲焚,晚间订的机票。

次日凌晨,母亲油尽灯枯,撒手人寰!

飞机午夜落地,汽车辗转几百公里,深夜三时,终是回来了。

母亲的灵柩静静地躺在夜的墨色中,斜挂在半墙的路灯发出微弱的光,初春微寒的夜风吹过,冲天纸呼啦啦地响——母亲,您是知道我回来了吗?

我没有等到初春泛着金黄的阳光,天蒙蒙亮,来到隔着棺木的母亲身边,借烧一张纸钱,哭啊哭,哭出母亲一生含辛茹苦的勤俭,哭出母亲对儿女永施不尽的爱怜,哭出母亲备受病痛折磨从未发出叫苦低吟的忍耐,哭出母亲对人生百般眷恋的无奈,心痛得哭到头痛。

侄男望女,亲朋至交们前来吊唁,午间人多,需早早准备饮食,于是买了菜,来到母亲身前无数次寸步丈量过的厨房,泪,决堤而崩。

再也不能和母亲一起做饭了,再也不能听您边做饭边讲那古老的故事了。厨房的方寸之内,油瓶酒罐、菜坛竹篮,再普通的物件在母亲眼里都有它独特的用武之地。入住楼房,母亲将色拉油的塑料桶清洗干净,自制了轻巧方便的菜坛;父亲胃病久吃的摩罗丹丸那轻便的塑料药盒母亲也不会扔掉,每遇炖鱼或排骨之类,拿上饭桌放置吃剩的鱼刺骨头,不至于脏了饭桌;生熟分开的案板,母亲罩上整齐的塑料膜,如是等等。哪一件器皿的存在不是倾注了母亲的光阴与心血。而现在,母亲走了,丢下

冬至

她曾经热爱的一切！每件物品，母亲百般爱怜，来来回回地擦抹，整齐地安放，它们的容颜因母亲的勤劳未见衰老，倒见经久耐用。而此时因主人的离去，倍受冷落，黯然失色，笼罩在悲伤之中，伸手抚摸，还有母亲的余温……

姑姐整理母亲的遗物，看到了几张泛黄的母亲的照片。那是初见母亲时，在一个 65 岁老人的面容上无法揣测的岁月华年。无论是初小时微翘朱婴任性的稚气、少女初成时清丽的秀气、人到中年时温娴纯良的雅气，还是步入老年时从容尽显的祥气，母亲的美丽无以言表！

滚滚红尘、芸芸众生，母亲虽平凡地淹没在岁月的洪流之中，却也在人群中留下芳名，追忆美好，如数家珍。

自打见到母亲，老人家总有干不完的活，左邻右舍的阿姨们偶有小憩，巷前门外扎堆闲聊，母亲出出进进，只是礼貌地寒暄，一天到晚地忙碌。缝缝补补，洗洗涮涮，擦擦抹抹，书写着不知疲倦的勤俭。

缝了补、补了穿的天蓝色内裤，补到不能再穿的时候，也仍是或深或浅的本色不改，干净利落，什么时候也不会被母亲随手扔掉，裤腰上的蓝色引线拆下来绕成轴，日后缝补同样内裤的时候，就会可心地用到。

厢房里并不住人，放置些旧时的家具物件，可是母亲隔几日就里里外外地打扫。大小物品的归类、贴签、封存、安置，哪一样都是母亲亲手去做。有一年，我要给乡下的姥爷送鸡蛋，生怕颠簸的路上鸡蛋受到磕碰,母亲就从厢房里拿出一箱平整的鸭梨纸让我包在鸡蛋上,安全送到姥爷身边。那时我知道,母亲厢房里的一切都是宝贝。

母亲年轻时心爱的、被打包得严严实实放在厢房里的小箱柜,后来被母亲带到楼房,见得真颜,近前细看,明亮的柜面上照出了我的影子。

任何一样值钱不值钱的东西,它的好都被母亲着实挂记。每一件经手的物件,母亲都百般爱惜,何况是儿女子孙。尽管我是儿媳,也备受母亲疼爱。

数九天冻坏了脚,母亲买来冻疮膏并且为我做好薄薄的、秀气的毛毡垫;外出学习出发前为如厕方便,母亲提着水壶站在房后打扫干净的水泥地上等我出来时洗手,说看到我挎包里带了路上要吃的水果;小时候,妈妈总是做萝卜馅饺子,见不得甜食的我的胃,一直认为,饺子非发甜的萝卜馅莫属,饺子我不能吃、不爱吃。可是见到母亲后,母亲做的白菜馅饺子成了我的最爱。

每逢佳节,或是任何一个人生日,母亲都会包上香喷喷的饺子,而我总是狡猾到不吃早点,中午美美地饱餐一顿。凡遇升职加薪,母亲也会为我包上一顿美味的饺子,我便更开心了……

母亲卧病在床的日子,侄儿探望,俯身面前,母亲喃喃道:"唉,奶奶还说给你包顿饺子呢,不能了……"

母亲啊,流光吞噬了您的同时又扔下多少人间的遗憾啊!

不说了,那些泡在眼泪里关于母亲的一切絮叨。

仰望星空,告慰母亲的在天之灵,您的儿孙,我会百般疼惜。

母亲走后,我叮嘱哥哥姐姐不要移动母亲家里的一切。寒冷的冬天,我几次独自去母亲的房子里静坐,从客厅到卧室,从卧室到厨房,看着母亲生前用过的一切,回想母亲曾经出现在任何一个角落里或动或静的身影,就觉得母亲还在,一切还在……

母亲用过的东西,能留多久就留多久吧。

古人对冬至的说法:阴极之至,阳气始生,日至南,日短之至,日影长之至,故曰"冬至"。

冬至,又称"冬节""亚岁"等,乃二十四节气之一、八大气象类节气之一,与夏至相对。

冬至,斗指子,太阳到达黄经 270°,于每年 12 月 21 日或 22 日交节。冬至在周代时是新年元旦,一度有"冬至大如年"的说法,曾经是个很隆重、很热闹的日子。

冬至三候,一候蚯蚓结,二候麋角解,三候水泉动。

冬至这天,太阳直射地面的位置到达一年中的最南端,几乎直射南回归线。这一天,北半球得到的阳光最少,白昼达到一年中最短,且越往北白昼越短。

人们最初过冬至节是为了庆祝新的一年的到来。古人认为,自冬至起,天地阳气开始渐强,代表下一个循环开始,是大吉之日。因此,后来一般春节期间的祭祖、家庭聚餐等习俗,往往出现在冬至。冬至又被称为"小年",一是说明年关将近,二是显示冬至的重要性。

汉代以冬至为"冬节",官府要举行祝贺仪式,称为"贺冬",官方例行放假,官场流行互贺的"拜冬"礼俗。

唐、宋时期,冬至是祭天祀祖的日子,皇帝在这天要到郊外举行祭天大典,百姓要向父母、尊长祭拜。

明、清两代,皇帝会举行祭天大典,谓之"冬至郊天"。宫内有百官向皇帝呈递贺表的仪式,而且还要互相投刺祝贺,就像元旦时一样。

然而,冬至除了祭祀的内核,还有吃饺子的要义。

饺子在冬至时节有过药用功效。据传,东汉时期,医圣张仲景用面皮包上一些祛寒的药材(羊肉、胡椒等)用来治病,避免病人耳朵生冻疮,故流传出"冬至不吃饺子会冻坏耳朵"的说法。

先民们喜欢将吃饺子的习俗安放在很多重要的节庆日子里,无论是大众民俗还是自家生日祝寿等喜庆节日,都会做一顿饺子宴。

清朝有关史料记载:"元旦子时,盛馔同享,各食扁食,名角子,取更岁交子之义。""每届初一,无论贫富贵贱,皆以白面做饺食之,谓之煮饽饽,举国皆然,无不同也。富贵之家,暗以金银小锞藏之饽饽中,以卜顺利,家人食得者,则终岁大吉。"

徐珂编的《清稗类钞》中说:"中有馅,或谓之粉角……而蒸食煎食皆可,以水煮之而有汤叫作水饺。""其在正月,则元日至五日为破五,旧例食饺子五日。"

至今,在许多汉族地区的民俗中,除夕守岁吃饺子,是任何山珍海味所无法替代的重头大宴。远方的人们会跋山涉水回到故乡和家人吃饺子过大年,以示有个圆满的归宿。

一般人们要在年三十晚上子时以前包好饺子,待到子时吃,因为这时正是农历正月初一的伊始,吃饺子取"更岁交子"之意。"子"为"子时","交"与"饺"谐音,有预示新年"喜庆团圆"和"吉祥如意"的美好愿望。

寻常百姓之家,也会在除夕的饺子里暗藏硬币,以示吉祥顺意,增添喜气和福气。所以,孩子会因为母亲误食了饺子里的一枚硬币哇哇大哭,引得全家沸然、手忙脚乱,赶紧趁其不注意,将刚才的硬币塞到盘中的一个饺子里,夹到孩子的碗里,告诉他这个是有硬币的,孩子低头认真吃出硬币,哭声戛然,喜笑颜开。大人们窃笑哄笑,又是一番喜气。

饺子的包容和丰富不仅体现在互补了南北食材的差别,更是将中华文化中和而不同、求同存异、共祈团圆美好的精神内核阐释得淋漓尽致。

冬至念,念给了我血脉和陪伴的故去的亲人,念他们带走的各种人间的美好。38岁那年之后的冬至之日,我必会包饺子。吃饺子,祭奠母亲,祭奠先祖,以告慰九泉之安。

故人已逝,英魂安在。

二十四节气

小寒连大吕，欢鹊垒新巢。
拾食寻河曲，衔柴绕树梢。
霜鹰延北首，雏雉隐丛茅。
莫怪严凝切，春冬正欲交。

小寒,是二十四节气中的第二十三个节气,也是冬季的第五个节气。斗指癸,太阳到达黄经 285°,于 1 月 5 日或 6 日交节。

　　古人认为,冷气积久而寒,天气寒冷但还没有到达极点,故称"小寒"。小寒的天气特点:天渐寒,尚未大冷。俗话说:"冷在三九。"由于隆冬"三九"基本上处于该节气之内,因此有"小寒胜大寒"之说法。小寒时节,我国大部分地区已进入严寒时期,土壤冻结,河流封冻,加之北方冷空气不断南下,天气寒冷,人们称之为"数九寒天"。小寒三候:一候雁北乡。二阳之候,雁将避热而回,今则向乡飞之,至立春后皆归矣,禽鸟得气之先故也。二候鹊始巢。喜鹊也,鹊巢之门每向太岁,冬至天元之始,至后二阳已得来年之节气,鹊遂可为巢,知所向也。三候雉雊。雉,文明之禽,阳鸟也;雊,雌雄之同鸣也,感于阳而后声。

　　小寒时,中国隆冬最冷的地区是黑龙江北部,最低气温可达零下 40℃ 左右,天寒地冻,滴水成冰。1 月,北京的月平均气温一般在零下 5℃ 左右,极端最低温度一般在零下 15℃ 以下;东北北部地区的月平均气温在零下 25℃ 左右,极端最低气温可低于零下 50℃ 以下,午后最高气温平均不过零下 20℃。黑龙江、内蒙古和新疆北纬 45° 以北的地区及藏北高原,月平均气温在零下 20℃ 左右,北纬 40° 附近的河套地区以西月平均气温不到零下 20℃。秦岭—淮河一线以南的地区冬暖显著,1 月,月平均气温在 0℃ 以上。而且这些地区没有季节性的冻土,农作物也没有明显的越冬期。这时的江南地区月平均气温一般在 5℃ 上下,虽然田野里仍是充满生机,但也时有冷空气南下,造成一定的危害。

华南冬季最低气温不低,有利于农业生产,也适宜发展多种经营。"受命不迁,生南国兮"的柑橘,生长一般要求最低气温不低于零下 5℃、年均温度高于 15℃,华南绝大多数地区副热带植物几乎应有尽有。得天独厚的气候条件,应当是一个很重要的因素。

小寒节气属五运六气中的最后一气,为太阳寒水所主,此时阴寒盛极,风寒之气主持天地,故为一年之中最寒冷的时候。而物极必反,重阴必阳,小寒之后,风木之气开始升发,故大寒节气为厥阴风木所司。虽其时阳气渐生,但仍处于萌动状态,故气候仍以阴寒之气偏盛。天人相应,在天为太阳寒水主气,在人体为足太阳膀胱经所主。足太阳膀胱经为六经之首,为人体之藩篱,而肺主皮毛、腠理,司汗府的开合,具有宣发卫气、防御外邪侵袭的作用,故为抗御外邪的屏障。

进入小寒,年味渐浓,人们开始忙着写春联、剪窗花,上街买年画、彩灯、鞭炮、香火等,陆续为春节做准备。饮食上,涮羊肉火锅、糖炒栗子、烤白薯成为小寒时节的时尚。俗语说"三九补一冬,来年无病痛",说的就是冬令食羊肉调养身体的做法。

二十四节气

大寒

腊酒自盈樽，金炉兽炭温。
大寒宜近火，无事莫开门。
冬与春交替，星周月讵存？
明朝换新律，梅柳待阳春。

大寒,冷,很冷,特别冷。

大寒是二十四节气中最后一个节气。斗指丑,太阳到达黄经 300°,于每年 1 月 20 日或 21 日交节。《授时通考·天时》引《三礼义宗》曰:"大寒为中者,上形于小寒,故谓之大……寒气之逆极,故谓大寒。"

大寒时的北方,往往是数九寒天的时节,大部分的大寒节气对应"三九""四九"。"三九,四九,冻烂碓臼",说的就是大寒节气期间的寒冷。海枯石烂,形容经历较长的时间,一般用于盟誓,反衬意志坚定,永远不变。然而,大寒节气的寒冷竟然将石臼冻烂,千年的誓言似乎也随着北方烈烈的西风毁于一旦。

我一步步地从塞北的风雪里走过来,那些江南所未经见过的刀裂刺骨的寒冷对于我早已习以为常,多重经验下的认知早已覆盖了浅薄的文字基础,略显苍白、落笔无力之时,那年那月那事毫无预见地从脑际蹦了出来。

大寒

那年大寒时节,父亲母亲忙着扫尘洁物、除旧布新、置备年货,过年的喜气早已将孩子们熏染得心花怒放。今儿又是个好天气,金色的阳光露出地平线45°,洒在农家的玻璃窗上。湛蓝的天空下纯净的空气偷偷释放着零下30℃的寒意,阶前的旧石、别院的铁门、墙根的荒草、院子里的铁车斗都着了一身银白的清霜。

9岁的孩童将过年的期盼暗藏在心里,在无风的寒意里似乎稍有惬意,在一派银白之中径直走向铁车斗。温热的小手立即融化了车辕上的白色霜粒,车辕上立刻现出两个小手印。原生的俏皮激发了孩童的好奇,低下头,伸出温热的小舌头,舔一口铁辕上的清霜……

坏了!像小手轻轻地放下便可轻轻地拿起一样,孩子也想轻轻抬起头,然而冰冻的铁辕立刻将孩子的嘴唇、舌头统统揪住,撕下一片稚嫩的唇舌,落在冰冻的辕上。孩子的嘴里滴下鲜红的血滴……

啊,那是年幼时大寒节气留在世间的伤痛,曾无数次被长大的自己说给朋友们听。

然而,乐极生悲,盛极必衰,大寒之后必有春暖。

儿时年节的喜气是人一生回忆不尽的喜乐。时入腊月,基本进入大寒节气。农历腊月初八是北方人生活里特别重要的节日,俗称腊八节。这一天,人们用五谷杂粮加上花生、栗子、红枣、莲子等熬成一锅香甜美味的腊八粥。这是一道人们年关不可或缺的美食。每逢大寒时节,姥姥的身影似乎回到这人间腊八节的时空里,节日因为有对姥姥的怀念氛围感十足。

姥姥的身影从儿时腊八节黑夜的幽暗中浮现。

她还是习惯躺在从锅台送上来温热的下炕的一角,头枕着高高的枕头和一窗的陈梦睡去。

塞北的冬天适合冬眠。白日里零下 30℃ 左右的冷冻将大人小孩都逼在屋里,孩子们趴在冰冻着的玻璃窗上看外面的世界,眼前是一样的单调。夜里,延续的单调更加寂静了,只有冷不丁的一声狗叫划破寂静,显示着时间的流动。明儿是腊八节,姥姥将五色谷米从仓窑里拿回来洗净,浸泡……腊八节在前夜已拉开序幕。猪羊骡马、老人孩子,都枕着翻新的旧梦沉沉睡去。

三更时分,一阵窸窸窣窣声将我叫醒。屋子里一片漆黑,姥姥在幽暗中穿起衣服。她没有开灯,怕惊醒熟睡的我们。我知道,姥姥起身要做腊八粥了。

姥姥摩挲着下了地,将那盏豆大的油灯点在离我们很远的地方,轻轻地生火,慢慢地淘米。在姥姥娴熟的煮粥过程中,我一觉又一觉睡了好几个来回。香甜中睁开迷蒙的睡眼,一会儿看到姥姥将昨天新挑的井水舀到锅里;一会儿看到姥姥吹灭了油灯,坐在木墩上将备好的柴草送到灶里;一会儿灶里的火苗窜出来,照亮锅里升腾起白色的雾气……

大概五更时分,饱含雨露精华、五谷精髓和一切美好祝福的

大寒

173

热气腾腾的腊八粥被姥姥缓缓地盛到碗里，放到台前。姥姥轻轻地叫醒酣睡中的我们。

发紫的红豆和豇豆将粉色的芸豆和黄色的谷米染成暗红，大小不一、身色一致黏腻在一起，缭绕的香味随着雾气四散开来，平日里伶俐的筷子笨拙了许多，得稍稍用力才能夹起一口送到嘴里，果然不是一般的筋道，黏腻醇香。

过了腊八就是年。寒气仍在，喜气徒增，街上渐渐热闹起来。好看的年画、红红的对联、各种干果副食都从屋里摆到外面，街上多了车马人声，各种招摇叫卖一点都不被人嫌弃，双向奔赴了。

一个腊月的时间会在打扫除尘、除旧换新、置办新衣、购买吃食、糊窗花中一晃而过。人们顾着辞旧迎新，多大的严寒也会被来年的期待和希冀所消融。此时大寒 15 日的光景完成了大自然赋予的使命。

一候鸡乳。"鸡乳"即鸡开始繁育后代了。母鸡下蛋需要一定的阳光。在大寒之前，由于光照比较少，所以母鸡极少下蛋。母鸡卵巢需要光照紫外线的刺激，而且光照比较少的话，产蛋所需的矿物质元素也会少，所以不易繁育后代。抱窝的老母鸡，平时活蹦乱跳的，恨不得整个院子都属于它，大寒时节却能稳下身子用自己的体温护佑着幼小的生命。因此，大寒节气开始，光照一增加，母鸡就可以下蛋繁衍了。

二候征鸟厉疾。"征鸟"指老鹰、隼等猛禽。为什么这种鸟到了大寒节气时要"厉疾"呢？这里的"厉疾"是指凶狠快速。虽然大寒已经来临,但是这种鸟正处于捕食能力极强的状态。为什么大寒天气这么冷捕食能力还会这么强呢？因为天气越冷,它需要的能量就越多,只能在这时增强自己的捕食能力以补充身体所需的能量,从而抵御严寒。越受到饥寒交迫之苦,越翱翔于天际,因生存本能而追捕猎物。

三候水泽腹坚。"水泽"指的是湖水,"腹"指的是中央,"坚"是坚固的意思。这句话可以理解为即使是湖水的中央也会被冻得异常坚固。到了大寒时节,一年中的最后几天,湖面上的冰会结到湖中央,使得整个冰面变得非常坚固。

冰冻三尺非一日之寒,自寒露时分生出袭人的冷气,之后步步紧逼,霜降收汁,立冬归尘,小雪封地,大雪封河,万物肃穆了。

北极圈和西伯利亚最后的一次寒潮结束之后,凛冽的西风酝酿着周密的转向计划,地上的寒气不再有新的叠加,坚冷恒定了几个时日,等待地下暗生的阳气,在沉沉的雪被下面,渐渐有了 0℃以上融化的暖流,逼仄的心底生出一阵欣喜。

万事皆平。千丈之堤,以蝼蚁之穴溃;百尺之室,以突隙之烟焚。若时时以细微处整治修正,功毕事成,终成栋梁。

如人相处,疏近有度。薄凉之人常有,切莫步步紧逼,事事伤情,让人寒心;沟通有误,受人所伤,也不必耿耿于怀。冤家宜解不宜结,得饶人处且饶人。有容乃大,安暖有爱,必冰释前嫌。

一纸《寒窑赋》,写尽人间百态。天有不测风云,人有旦夕祸福。有时祸不单行，有时福祸相倚。有先贫而后富，有老壮而少衰。天不得时，日月无光；地不得时，草木不生；水不得时，风浪不平；人不得时，利运不通。

寒极生阳。嗟呼！人生于世，富贵不可尽用，贫贱不可自欺，悲莫大焉。天地循环，周而复始，于寒凉冰冻之时以耐性、韧性，守拙静候，大暖春来。

附录

十二月对应十二调:黄钟(子,十一月)、大吕(丑,十二月)、太簇(寅,一月)、夹钟(卯,二月)、姑洗(辰,三月)、仲吕(巳,四月)、蕤宾(午,五月)、林钟(未,六月)、夷则(申,七月)、南吕(酉,八月)、无射(戌,九月)、应钟(亥,十月)

六阳律:黄钟、太簇、姑洗、蕤宾、夷则、无射
六阴律:大吕、夹钟、仲吕、林钟、南吕、应钟

春季:三春、九春、阳春、艳阳、淑节、青春、青阳
夏季:三夏、九夏、朱明、炎夏、朱夏、槐序、昊天
秋季:三秋、九秋、凄辰、金天、商节、素节、九和
冬季:三冬、九冬、北陆、清冬、严节、玄英、穷阴

正月:孟春、首春、上春、始春、早春、元春、新春、初春、端春、肇春、献春、春王、首岁、华岁、开岁、献岁、芳岁、初岁、发岁、初阳、孟阳、新阳、春阳、正阳、太簇、岁始、初空月、霞初月、初春月、陬月、王月、端月、孟陬、泰月、谨月、建寅、寅月、杨月、三微月、三正、睦月、上月、月正、新正、初月、早月、太月,孟春之月,律中太簇

二月:如月、梅见月、梅月、丽月、卯月、杏月、酣月、令月、跳

月、婚月、媒月、小草生月、中和月、四阳月、四之月、春中、夹钟、仲钟、酣春、中春、仲阳、大壮、竹秋、花朝，仲春之月，律中夹钟

三月：暮春、木春、李春、晚春、杪春、禊春、三春、蚕月、花月、桐月、桃月、夬月、禊月、嘉月、辰月、稻月、樱笋月、五阳月、桃李月、花飞月、小清明、姑洗、桃浪、雩风、竹秋，季春之月，律中姑洗

四月：乏月、荒月、阳月、农月、乾月、巳月、畏月、云月、槐月、麦月、朱月、余月、首夏、夏首、孟夏、初夏、维夏、始夏、槐夏、得鸟羽月、花残月、纯阳、纯乾、正阳月、和月、麦秋月、麦候、麦序、六阳、榎月、梅溽，孟夏之月，律中仲吕

五月：炎夏、起夏、仲夏、超夏、中夏、暑月、鹑月、始月、星月、皇月、蒲月、兰月、忙月、午月、榴月、毒月、恶月、橘月、皋月、一阳月、端阳月、吹喜月、蕤宾、鸣蛙、夏五、小刑、天中、芒种、启明、郁蒸，仲夏之月，律中蕤宾

六月：溽月、且月、荷月、暑月、焦月、伏月、季月、未月、盛夏、三夏、暮夏、杪夏、晚夏、季夏、长夏、极暑、组暑、溽暑、林钟、精阳，季夏之月，律中林钟

七月：初秋、素秋、孟秋、首秋、上秋、瓜秋、早秋、新秋、肇秋、兰秋、兰月、申月、巧月、瓜月、凉月、相月、文月、七夕月、文披月、大庆月、三阴月、夷则、初商、孟商、瓜时，孟秋之月，律中夷则

八月：中秋、仲秋、清秋、正秋、桂秋、获月、壮月、爽月、桂月、叶月、酉月、柘月、雁来月、秋风月、四阴月、大清月、月见月、红染

月、仲商、秋高、秋半、中律、橘春、竹小春,仲秋之月,律中南吕

九月:菊月、柯月、剥月、贯月、霜月、长月、戌月、朽月、咏月、玄月、五阴月、授衣月、青女月、小田月、菊开月、红叶月、三秋、季秋、暮秋、晚秋、菊秋、穷秋、杪秋、深秋、末秋、残秋、凉秋、素秋、秋末、秋商、暮商、季白、无射、霜序,季秋之月,律中无射

十月:露月、拾月、阳月、亥月、吉月、良月、阳月、坤月、正阳月、小阳春、神无月、时雨月、初霜月、初冬、孟冬、上冬、开冬、玄冬、元冬、玄英、应钟、小春、大章、始冰、极阳、阳止,孟冬之月,律中应钟

十一月:仲冬、中冬、正冬、冬月、隆冬、雪月、寒月、畅月、霜月、复月、子月、辜月、葭月、纸月、霜见月、天正月、一阳月、广寒月、龙潜月、黄钟、阳复、阳祭、冰壮、三至、亚岁、中寒,仲冬之月,律中黄钟

十二月:腊月、除月、丑月、严月、冰月、余月、极月、涂月、暮月、临月、荼月、地正月、二阳月、嘉平月、三冬月、梅初月、春待月、季冬、暮冬、晚冬、杪冬、穷冬、黄冬、腊冬、残冬、末冬、严冬、师走、大吕、星回节、暮节、穷节、暮岁、殷正、清祀、冬素、残霜天,季冬之月,律中大吕